色觉类型和光源对人类颜色恒常性的影响研究

马瑞青　编著

西安电子科技大学出版社

内 容 简 介

本书主要对人类色觉类型和光源光谱对颜色恒常性机制的影响进行了深入的探讨。本书共分为 6 章。第 1 章主要论述颜色恒常性的概念、研究现状以及研究方法；第 2 章介绍色觉异常者的分类与检测；第 3 章介绍关于色觉异常者的颜色恒常性的研究；第 4 章介绍关于色觉正常者的颜色恒常性的研究；第 5 章介绍关于 RGB-LED 光源下的颜色恒常性的研究；第 6 章介绍观察背景和光源照射时间对颜色恒常性的影响。

本书可作为颜色科学领域硕士和博士研究生学习的教材，也可以供心理物理学、颜色视觉、色度学和图像处理方向的科研人员参考。

图书在版编目(CIP)数据

色觉类型和光源对人类颜色恒常性的影响研究 / 马瑞青编著. —西安：西安电子科技大学出版社，2020.12
ISBN 978-7-5606-5932-9

Ⅰ.①色…　Ⅱ.①马…　Ⅲ.①色度学　Ⅳ.① O432.3

中国版本图书馆 CIP 数据核字(2020)第 246592 号

策划编辑　万晶晶
责任编辑　许青青
出版发行　西安电子科技大学出版社(西安市太白南路 2 号)
电　　话　(029)88242885　88201467　　邮　　编　710071
网　　址　www.xduph.com　　电子邮箱　xdupfxb001@163.com
经　　销　新华书店
印刷单位　咸阳华盛印务有限责任公司
版　　次　2020 年 12 月第 1 版　2020 年 12 月第 1 次印刷
开　　本　787 毫米×1092 毫米　1/16　印　张　9.5
字　　数　157 千字
印　　数　1～1000 册
定　　价　26.00 元
ISBN 978-7-5606-5932-9/O
XDUP 6234001-1

前　　言

颜色是人类视觉系统对物体反射光谱的一种知觉。光经过物体表面反射进入人眼，人眼视网膜中的感光细胞首先接收到信息，然后经过两个彩色拮抗通道编码，信号被进一步传递到大脑中枢，从而形成了颜色知觉。颜色的感知离不开光源、物体和人类视觉系统。人类颜色视觉机制的研究有助于理解颜色视觉信息在大脑中的加工过程，具有重要的理论意义，其研究成果可为机器视觉、目标检测和相机的图像复原等领域提供理论基础和参考依据。

颜色恒常性是人类颜色视觉中的一种重要现象，指的是尽管光源的强度和光谱构成发生了变化，但我们仍然能感知到物体表面本身的颜色没有发生变化。颜色恒常性机制使得我们在日常生活中能正确稳定地识别物体颜色，不因光源的变化而变化，如一朵红色的花在正午的时候是红色，在傍晚的时候还是红色，尽管它的反射光谱已发生变化。国内在颜色视觉领域的研究主要集中在人眼的辨色特性、彩色对比度和色貌模型理论等方面。与颜色恒常性相关的研究主要集中在应用研究领域，如颜色恒常性算法的研究。本书对研究人类颜色视觉系统以及人类色觉类型和光源光谱对颜色恒常性的影响机制有重要的学术价值和社会意义。

本书共分为 6 章。第 1 章主要论述颜色恒常性的概念、研究现状以及研究方法；第 2 章介绍颜色视觉实验前期色觉异常者的分类与检测方法；第 3 章介绍关于色觉异常者的颜色恒常性的研究；第 4 章介绍关于色觉正常者在红、绿、蓝和黄色光源下颜色恒常性的研究；第 5 章介绍关于 RGB-LED 光源下的颜色恒常性的研究；第 6 章介绍 RGB-LED 光源下观察背景和光源照射时间对颜色恒常性的影响。

本书由马瑞青(太原理工大学)编著。在撰写本书的过程中，作者得到了高知工科大学(日本)篠森敬三教授和北京理工大学廖宁放教授的指导，以及太原理工大学强彦教授和赵涓涓教授的大力支持，在此表示诚挚的谢意。本书的出版得到了国家自然科学基金项目(61705011)和山西省应用基础研究计划青年基金项目(201901D211068)的资助。

尽管作者已尽力确保本书的准确性，但仍难免存在不足之处，恳请读者和同行不吝批评指正。

作者

2020 年 8 月

目　　录

第 1 章　颜色恒常性研究概述

1.1　颜色视觉的形成

颜色与我们的生活息息相关，是物体的关键特征。颜色形成的三个关键要素为光源、物体反射面和人类视觉系统。光源照射在物体上，物体表面根据其材质会反射特定波段的光(即反射光谱)，反射光首先进入人类视觉系统的视网膜，经视网膜后，信息被传递到外侧膝状体(LGN)，LGN 将信息进一步传递到大脑皮层的视觉区域 V1、V2 以及 V4 等，从而人类知觉到了颜色。

关于人类视觉系统如何调制颜色信息，1802 年，托马斯•杨(Thomas Young)基于颜色匹配实验提出了三原色理论，即颜色的感知由视网膜中的红、绿、蓝三种光感受器完成。但是三原色理论不能解释颜色感知中四种单一色红、绿、蓝和黄的存在，以及色盲总是不能辨别成对的颜色这一现象(例如，红、绿色盲均不能辨别红色和绿色，蓝色盲不能辨别蓝色和黄色)。1872 年，赫林(Hering)提出了对立色理论，即视网膜中有三个对立色通道，分别为红-绿、蓝-黄和黑-白。随着后来实验技术的发展，通过视网膜密度术(Rushton，1966)、显微测谱术(Marks et al.，1964)以及基因编码(Nathans et al.，1986)等方法证实了视网膜中三种感光色素的存在；同时，通过细胞记录方法证实了神经节细胞(Gouras，1968)和外侧膝状体(De Valois et al.，1966)中对立颜色信息的存在。基于上述研究成果形成了现代颜色视觉理论——三原色理论和对立通道理论相结合的两阶段理论，如图 1-1 所示。第一阶段包含三种感光细胞，对光谱的吸收峰值分别在 564 nm(长波长敏感锥体，简称 L 锥体)、534 nm(中波长敏感锥体，简称 M 锥体)以及 420 nm(短波长敏感锥体，简称 S 锥体)。三种锥体和杆体的光谱相对敏感性如图 1-2 所示。其中，L 和 M 锥体的光谱敏感性很接近。第二阶段对第一阶段的信号进行编码，包含两个彩色对立通道和一个亮度通道。其中，红-绿对立通道比较 L 和 M 锥体输出的信号 L 和 M；蓝-黄对立通道比较 S 锥体输出的信号 S 和 L、M 锥体结合后输出的信号 $L+M$；亮度通道结合 L 和 M 锥体输出的信号 L 和 M。

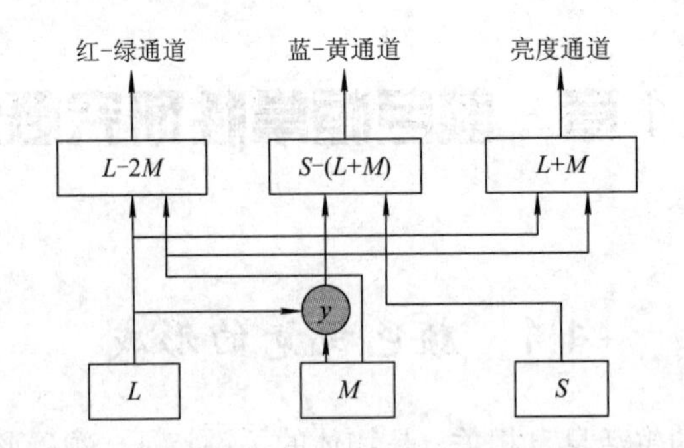

图 1-1　第一阶段的三种锥体和第二阶段的两个彩色对立通道以及一个亮度通道

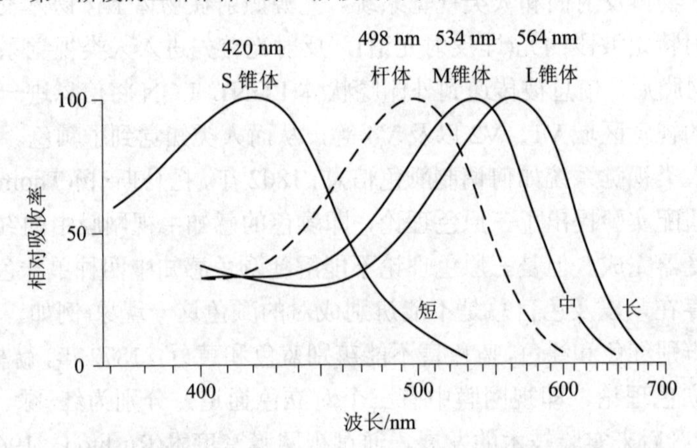

图 1-2　人类三种锥体和杆体的光谱相对敏感性

1.2　色 觉 类 型

色觉正常者需要红、绿和蓝三种颜色匹配出光谱中的所有颜色，被称为正常三色觉者(normal trichromat)。部分人由遗传基因决定其视网膜中的感光色素发生变异或缺失，导致色觉系统发生异常。感光色素的缺失使得色觉异常者只需两种颜色就可匹配出光谱中的所有颜色，被称为二色觉者(dichromat)。感光色素的变异指对光谱的吸收峰值发生偏移，对某一特定波长的光的敏感性降低。色觉异常者仍需要红、绿和蓝三种颜色匹配出任意颜色，但需要的某一种颜色的量会更多，被称为异常三色觉者(anomalous trichromat)。

图 1-3 所示为红色盲(图(a))、绿色盲(图(b))和红色弱(图(c))色觉异常者对应的锥体缺失或变异情况示意图。缺失 L 锥体，色觉异常者被称为红色盲(protanopia)，缺失 M 锥体，被称为绿色盲(deuteranopia)，二者均可用蓝色和黄色匹配出任意颜色。对于红色盲，L 锥体的感光特性变得和 M 锥体一样(L 锥体缺失)，如图 1-3(a)中表示 L 锥体光谱敏感曲线的红色实线与表示 M 锥体光谱敏感曲线的绿色实线重合，视网膜中只剩下 M 和 S 锥体，导致第二阶段中的红-绿对立通道没有信号，使得红色盲不能辨别红-绿颜色。对于绿色盲，M 锥体的感光特性变得和 L 锥体的一样(M 锥体缺失)，如图 1-3(b)中 M 锥体的光谱敏感曲线与 L 锥体的光谱敏感曲线重合，视网膜中只剩下 L 和 S 锥体，同样导致第二阶段的红-绿对立通道没有信号，使得绿色盲也不能辨别红-绿颜

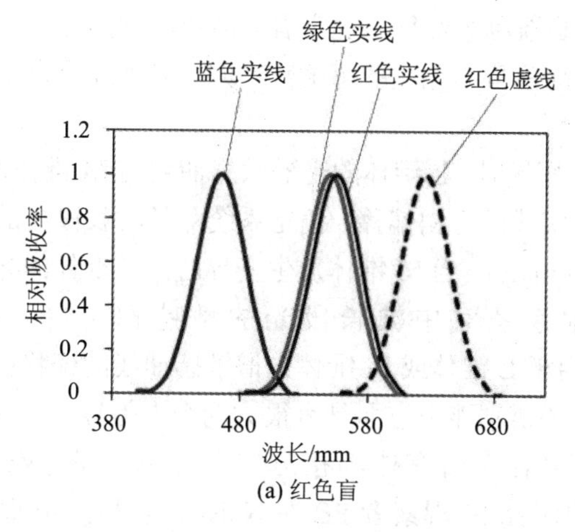

(a) 红色盲

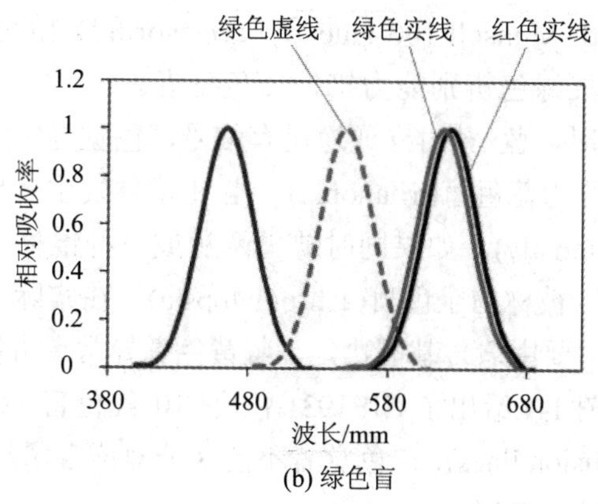

(b) 绿色盲

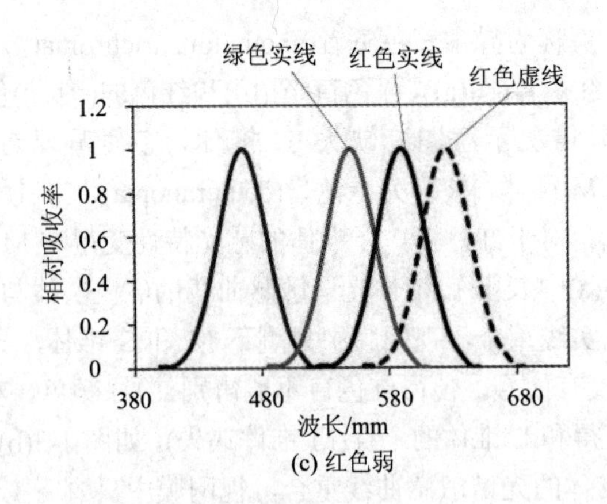

(c) 红色弱

图 1-3　红绿色觉异常者对应的锥体缺失或变异情况示意图

色。红色盲和绿色盲统称为红绿二色觉者。需要注意的是，由于缺失的锥体不同，因此红色盲和绿色盲的亮度敏感函数不同。对于红色盲来说，红色比绿色看起来更暗。

当L锥体发生变异时，L锥体的光谱敏感曲线向M锥体偏移，如图1-3(c)中红色实线向绿色实线的方向偏移，色觉系统对长波长段光的敏感性下降，被称为红色弱(protanomaly)。当M锥体发生变异时，M锥体的光谱敏感曲线向L锥体偏移，色觉系统对中波长段光的敏感性下降，被称为绿色弱(deuteranomaly)。由于L锥体或M锥体光谱敏感曲线的偏移程度不同，因此红绿色弱者在红绿色的辨别能力方面具有很大的个人差异。有些色弱者的色辨别能力接近色觉正常者，而有些则接近二色觉者。在Ma、Kawamoto和Shinomori(2016)的研究中，观察者PB在Neitz色盲检查镜测试中表现为红色弱，而在Farnsworth-Munsell 100-Hue和Farnsworth D-15测试中均表现为红色盲，这说明他的红绿色辨别能力接近二色觉者。

当缺失S锥体时，蓝-黄对立通道没有信号，色觉异常者用红色和绿色匹配出任意颜色，被称为蓝色盲(tritanopia)。当S锥体发生变异时，色觉异常者被称为蓝色弱(tritanomaly)。如果同时缺失两种或三种锥体，则色觉异常者不能感知到任何颜色，被称为全色盲(achromatopsia)。在实际生活中，红绿色觉异常者占大多数，主要由遗传基因决定，蓝黄色觉异常者占很小一部分，主要由后天疾病导致。图1-4给出了CIE1931色度图中红色盲、绿色盲和蓝色盲所对应的混淆线(confusion lines)，二色觉者不能区分对应混淆线上的颜色。图1-5给出了异常色觉的分类情况。

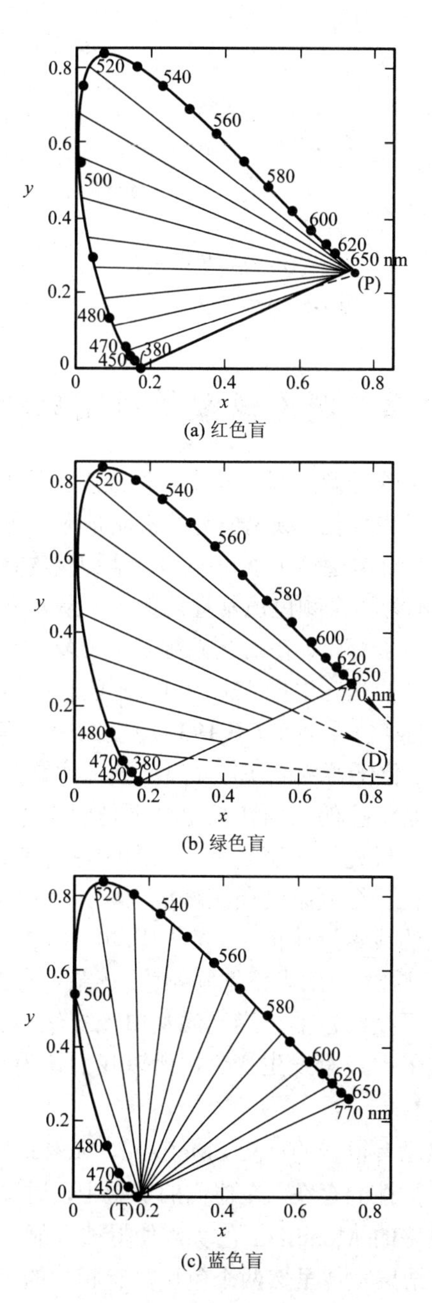

(a) 红色盲

(b) 绿色盲

(c) 蓝色盲

图 1-4　红色盲、绿色盲和蓝色盲对应的混淆线

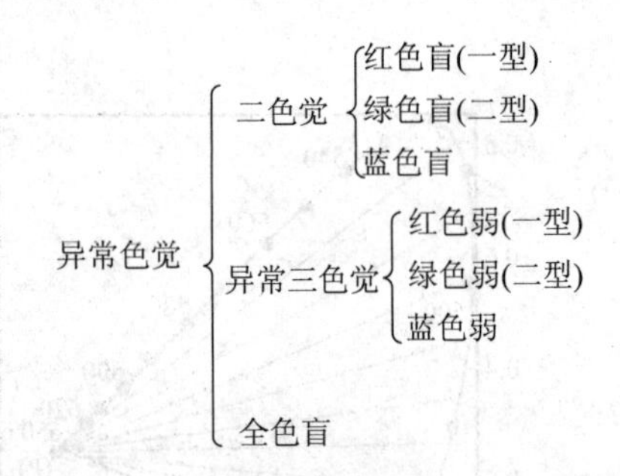

图 1-5　异常色觉的分类情况

1.3　颜色恒常性研究现状

颜色恒常性是指尽管光源的强度和光谱构成发生了变化，但我们感知到的物体表面的颜色没有发生变化。颜色恒常性机制是人类色觉系统中最重要的机制之一，它使得我们在日常生活中能正确稳定地识别物体颜色，不因光源的变化而变化。图 1-6 所示为一个颜色恒常性的例子。从日光变化到天空光时，红色花朵的反射光谱发生了变化，在日光光源下主要反射长波长段的光，在天空光下主要反射短波长段的光。根据 CIE1931 *xyz* 色彩空间中三刺激量的定义可知，两种光源照射下的红色花朵在 CIE1931 色度图中具有不同的色度坐标，前者位于红色区域，后者位于蓝色区域。如果单独观察这两个被照射的花朵色块的话，则在日光下它是红色的，而在天空光下是蓝色的。但在实际中我们感知到在日光和天空光下花朵的颜色均是红色的，这是由于花朵处在一个复杂的周围环境中，人类色觉系统利用周围环境提供的线索过滤掉了光源的影响，根据花朵本身的反射率(而不是反射光谱)来识别其颜色。花朵本身的反射率决定了它在白光下是红色的，当光源从白光变化到其他颜色光时，花朵的反射率没有发生变化，所以我们认为它仍然是红色的。

颜色恒常性

颜色恒常性研究已有很长的历史。McCann、McKee 和 Taylor(1976)首先通过实验证明了颜色恒常性的存在。在他们的实验中，通过白光和彩色光分别照射两个具有不同反射率的 Mondrian 色块，使得被照射的两个色块在色度图中具有相同的色度值，结果发现虽然两个色块具有相同的色度值，但是观察者识别到这两个 Mondrian 色块看起来是不同的颜色。实验证明，物体颜色的识别依赖它的反射率，而不是光源照射下的反射光谱。

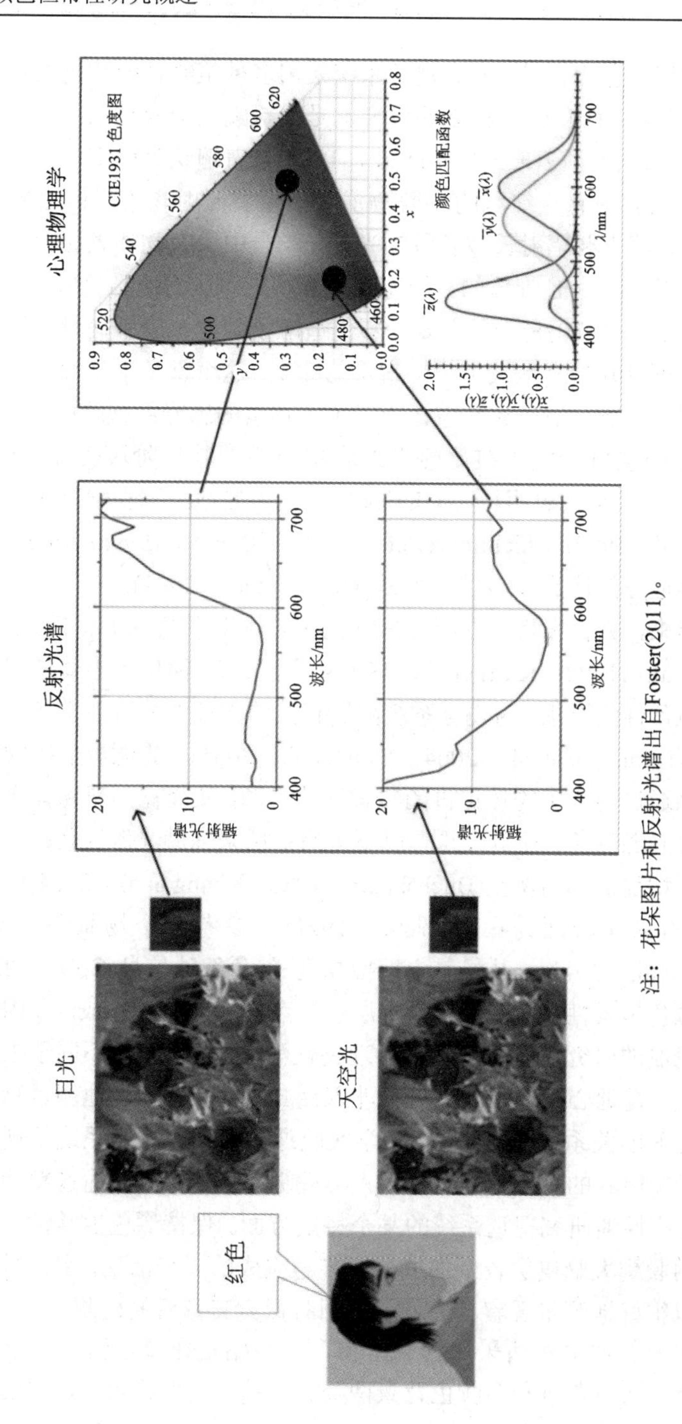

注：花朵图片和反射光谱出自Foster(2011)。

图1-6 颜色恒常性示意图

为了实现颜色恒常性，人类视觉系统采用多种策略试图从进入视网膜的光线中过滤掉光源。颜色恒常机制的研究就是要探索人类视觉系统过滤掉光源所使用的策略。彩色适应(Fairchild et al.，1995)被普遍认为用来调制色恒常。彩色适应指视网膜中感光细胞的光谱敏感度根据被照射场景反射出的光做出调整。当一个光源主要辐射长波长段的光时，场景中所有物体表面就会反射长波长段的光，视网膜中L锥体的光敏感性就会降低，从而达到色恒常。von Kries模型(von Kries，1970)是一种主要的彩色适应模型，该模型假设三种锥体细胞的光敏感性可分别独立地发生一个常量的改变，这个常量由光源产生的锥体刺激量决定。von Kries适应通常被认为发生在初级的感光细胞阶段，但也有人认为这样的适应也可能发生在比感光细胞层更高的其他阶段(Goddard et al.，2010)。大量研究结果表明，von Kries模型能很好地预测观察者的色恒常行为(Brainard et al.，1992；Chichilnisky et al.，1995；Bäuml，1999a；Bäuml，1999b)，完全的锥体适应能达到80%的色恒常(Murray et al.，2006)。

但近年来，人们发现一些颜色恒常性实验结果不能用von Kries模型解释(Brainard et al.，1992；Kraft et al.，1999)，这意味着简单的锥体适应不能完全满足颜色恒常性的要求，与视觉系统高层有关的光源评估可能也参与了色恒常的调制过程(Smithson et al.，2004；Yang et al.，2001)。光源评估指的是人类视觉系统可以通过场景中物体提供的线索评估光源，从而在判断物体颜色时扣除掉这一部分光源颜色。研究发现，以下策略被用来辅助光源评估：人眼假设整个场景的平均反射率为灰色(Buchsbaum，1980；Khang et al.，2004)或者整个场景中最亮的物体表面为白色(Land，1971)，参考整个场景中明亮的颜色(Uchikawa et al.，2012)，从场景中挖掘亮度-红色统计信息(Golz et al.，2002)。

由于颜色恒常性机制复杂，是多层视觉系统共同参与完成的，因此关于颜色恒常性机制的研究主要通过视觉心理物理学方法来进行。不同于细胞记录等生理学方法，视觉心理物理学是一种非入侵式方法，可精确地测量物理量和人的感知量之间的关系。视觉心理物理学实验通过给人类视觉系统呈现特定的刺激物，测量观察者的反应，进而探测人类视觉系统的活动。通过精确设计刺激物，可以选择性地研究视觉系统的某个特定方面。保持颜色恒常性是颜色视觉通道从视网膜到大脑皮层各个部位共同参与完成的一个活动，用视觉心理物理学实验可以很好地测量观察者的表现，同时探索其背后的机制。

颜色恒常性研究中所采用的刺激物，一开始是在显示器上模拟的二维场景，包括单一灰色背景和多颜色背景两类。在单一灰色背景下，主要是彩色适

种测验均在 CIE1931 色度坐标为(0.33，0.35)的白色光源照射下进行，光源的照度为 500 lx。

(a) 石原表测验

(b) 标准色觉检查表测验

(c) Farnsworth D-15测验

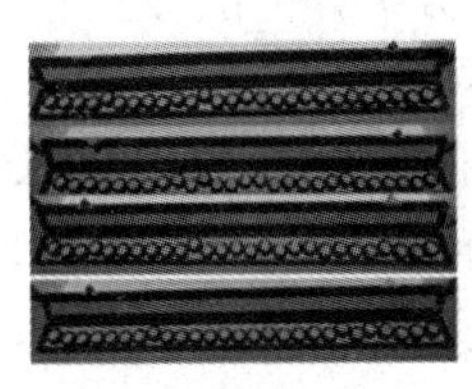
(d) FM 100-Hue测验

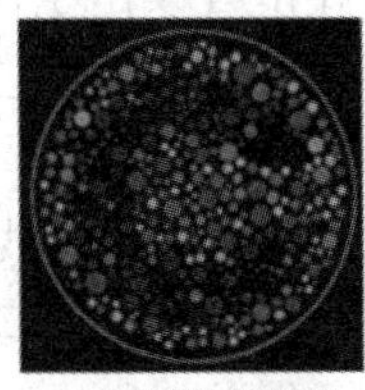
(e) 剑桥色觉测验

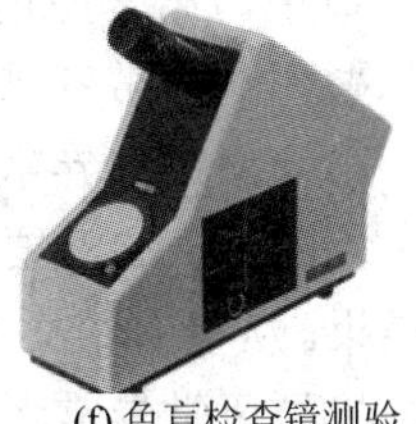
(f) 色盲检查镜测验

图 2-1　实验中所采用的色觉测验

色觉检测工具

剑桥色觉测验(Regan et al.，1994)在暗室中进行。刺激物被显示在一个 19 英寸(注：1 英寸≈2.54 厘米)的 CRT 显示器(CPD-G220，索尼)上，显示器的显卡为视觉实验专用显卡(ViSaGe，Cambridge Research Systems(CRS))，可为每个 RGB 通道提供 14 位的分辨率。显示器的 gamma 矫正由 ViSaGe 的矫正软件控制色度仪(ColorCAL，CRS)完成。观察者通过按 CRS 四按钮响应盒(CB4，CRS)上对应的按钮来回答 C 的开口方向。刺激物的亮度信息范围设置为 8～18 cd/m^2。测验总共包括了三个色度值的背景，对应的 CIE1976 $u'v'$色度值分别为(0.1925，0.5092)、(0.1978，0.4684)和(0.2044，0.4160)。针对每一种色度背景，测验时间大约是 20 分钟，每次测验是 1 小时。每个观察者共重复三次实验。实验中的观察距离为 243 cm，此时 C 开口处正好为 1° 视角。

2.3　分类与检测结果分析

针对以上观察者参与的所有色觉测验，下面分别给出各测验的结果分析。

2.3.1　石原表测验

表 2-1 所示为石原表测验中观察者针对每一类色图正确读出的数字总数。色图 1 测验的标准结果应该为色觉正常者和色觉异常者均可读出，实验结果显

示色觉正常者和色觉异常者均可正确读出，符合预期。色图 2～9 的标准结果应该为色觉正常者和色觉异常者读出的数字不一样，表 2-1 中显示色觉正常者读出了正常一栏的数字，而色觉异常者读出了异常一栏的数字，符合预期。色图 10～17 的标准结果应该为色觉正常者可以读出，色觉异常者读不出，表 2-1 显示色觉正常者读出了 8 个数字，色觉异常者中除了红色盲 P3 读出 1 个数字外，其余的均读不出任何数字。色图 18～21 的标准结果应该为色觉正常者读不出，而色觉异常者可以读出，表 2-1 显示正常者读不出任何数字，第二型色觉异常者读出了所有数字，第一型色觉异常者读出了部分数字。色图 22～25 用来对第一型和第二型色觉异常者进行分类，第二型色觉异常者正确读出了二型一栏所有的数字，第一型色觉异常者的表现不统一，红色盲 P3 还读出了二型一栏所有的数字。色图 26～38 要求观察者辨别曲线，而不是数字，表 2-1 中没有列出对应的结果。从以上结果看出，石原表可正确地检测出色觉异常者，但不能对第一型和第二型色觉异常者进行分类。

表 2-1　石原表测验结果

色图类型		N1	D1	AD1	AD2	P1	P2	P3	AP1
色图 2～9	正常	8	0	1	0	0	0	1	0
	异常	0	8	5	4	5	4	6	3
色图 10～17		8	0	0	0	0	0	1	0
色图 18～21		0	4	4	4	1	2	3	2
色图 22～25	一型	4	0	0	0	2	0	0	1
	二型	4	4	4	4	2	0	4	0

2.3.2　标准色觉检查表测验

表 2-2 给出了标准色觉检查表中观察者正确读出的数字总数。标准色觉检查表分为检测表和分类表。检测表用于检出色觉异常，读对正常一栏的数字在 8 个以上就被认为是色觉正常，否则为色觉异常。检测表的正常一栏中，色觉正常者 N1 读对的数字总数为 10 个，而所有色觉异常者读对的数字均少于 8 个；异常一栏中，色觉正常者和色觉异常者均能正确读出，说明先天色觉检查表可正确检出色觉异常。分类表用于区分第一型和第二型色觉异常，哪一栏读对的数字多则为哪个类型的色觉异常。分类表中，所有第二型色觉异常者在二型一栏的读数均比一型一栏的多，而第一型色觉异常者则相反，说明先天色觉

检查表可在第一型和第二型色觉异常之间进行分类。

标准色觉检查表的第 2 部用于后天色觉检查，第 3 部用来检测色觉异常属于先天红绿色觉异常、先天蓝黄色觉异常还是后天的眼科疾病导致。第 3 部的测验结果显示所有观察者均为先天红绿色觉异常。

表 2-2　标准色觉检查表的检查结果

		N1	D1	AD1	AD2	P1	P2	P3	AP1
检测	正常	10	3	0	0	1	0	5	2
	异常	10	9	10	6	10	10	9	10
分类	一型	5	0	0	0	5	5	5	5
	二型	5	4	4	3	0	0	3	2

2.3.3　Farnsworth D-15 测验

将观察者排好序的色棋背后的数字依次记录下来，如果为色觉正常者，则数字序列正常；如果数字序列混乱，则说明观察者不能正确区分颜色。表 2-3 所示为色觉正常者和色觉异常者在 D-15 测验中的色棋排列顺序，每个数字对应一个色棋。由表 2-3 可看出，色觉正常者可进行正常排序；大部分色觉异常者不能进行正常排序，但红色盲 P3 和红色弱 AP1 可以像色觉正常者一样准确地排序，说明 D-15 测验在色觉异常检测方面精度不高，容易漏掉一部分色觉异常者。

表 2-3　D-15 测验的色棋排列结果

编号	1	2	3	4	5	6	7	8	9	10	11	12	13	14	15
N1	1	2	3	4	5	6	7	8	9	10	11	12	13	14	15
D1	1	2	15	14	3	13	4	5	12	11	6	10	7	9	8
AD1	1	15	2	14	3	13	4	12	5	11	6	10	7	9	8
AD2	1	15	2	14	3	13	4	12	5	11	6	10	9	8	7
P1	15	1	14	13	2	3	4	12	11	10	5	6	8	7	9
P2	15	1	14	2	13	6	9	7	8	10	5	11	4	12	3
P3	1	2	3	4	5	6	7	8	9	10	11	12	13	14	15
AP1	1	2	3	4	5	6	7	8	9	10	11	12	13	14	15

在记录纸上将数字序列依次连接起来，如图 2-2 中黑色线所示。如果为色觉正常者，则连接后的形状呈半圆周。如果为色觉异常者，则连线跨过半圆周，称为跨线。图 2-2 中红色线和绿色线分别为第一型和第二型色觉异常混淆线的位置。通过比较黑色跨线和混淆线的方向是否一致，可判断色觉异常的类型。图 2-2 所示为两个第二型色觉异常者 AD1、AD2 和两个第一型色觉异常者 P1、P2 的排序结果对应的图。图中显示绿色弱 AD1 和 AD2 的跨线与绿色盲混淆线平行；红色盲 P1 和 P2 的跨线与红色盲混淆线平行。未画出跨线图的绿色盲 D1 与绿色弱观察者 AD1 和 AD2 的表现一致。由此可见，D-15 测验对已检出的色觉异常在第一型和第二型之间可正确分类，但不能区分色盲和色弱，且检测结果还是定性的，不能精确地衡量观察者的颜色辨别能力。

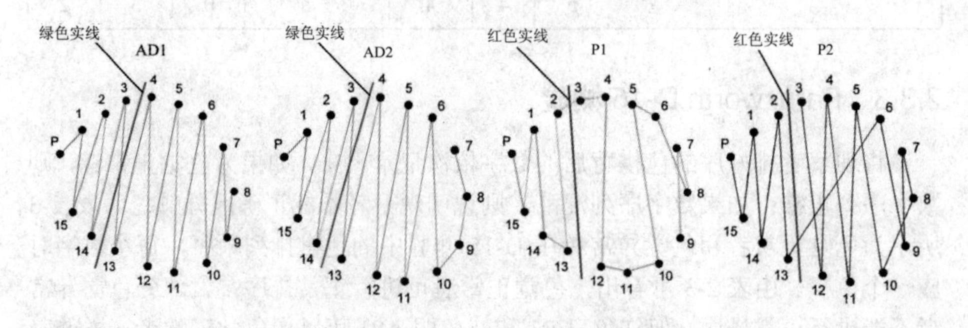

图 2-2　D-15 测验的分类结果(注：图中除绿色实线和红色实线外，其余线条均为黑色线)

2.3.4　FM 100-Hue 测验

图 2-3 所示为 FM 100-Hue 测验结果分析所用记录纸的一部分，图(a)和(b)分别为错误分的计算和错误分图。图 2-3(a)中，从上到下依次为正确的数字序列，观察者排好的序列，针对观察者排好的数字序列相邻两个数字作差，对相邻两个差继续求和，将求和后的数字减去 2。将最终计算得到的数字序列全部相加即得到每组测验的错误分，将计算得到的数字序列依次画到图 2-3(b)所示的图中，即得到错误分图。

FM 100-Hue 测验用总错误分来表示颜色辨别能力的高低，错误分越高，色辨别能力越低。对于色觉正常者来说，分数在 20 到 100 之间代表颜色辨别能力处于平均水平，在 0 到 16 之间代表颜色辨别能力较强，在 100 以上代表颜色辨别能力较低。色觉异常者的错误分普遍较高，色辨别能力较差。表 2-4 所示为测验中部分色觉正常者和部分色觉异常者四种色调排列对应的错误分以及总的错误分。色觉正常观察者一栏显示，N2 的错误分仅为 8，色辨别能力高于平均水平，N1 和 N4 的色辨别能力低于平均水平，分数接近于色觉异常者，说明仅按照分数还不能够将色觉正常者和色觉异常者分开。

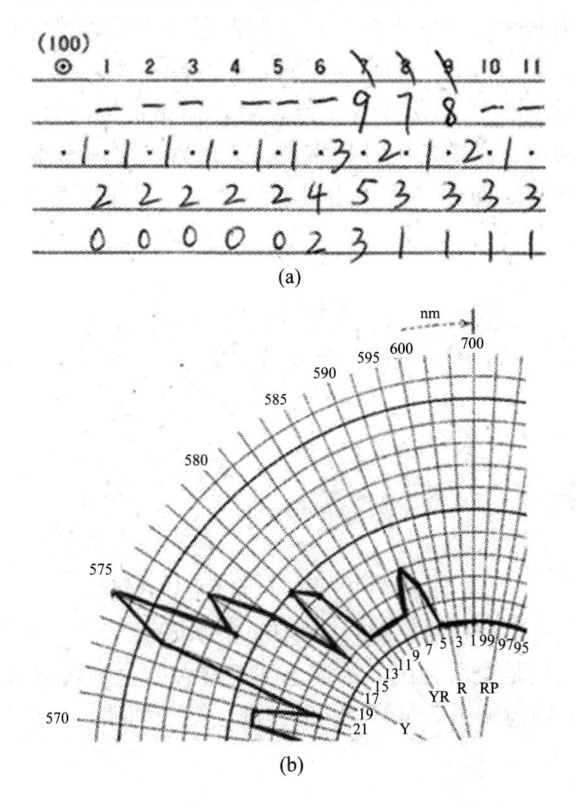

图 2-3　FM 100-Hue 测验结果分析所用记录纸(部分)

表 2-4　FM 100-Hue 测验中的错误分

色棋盒	色觉异常观察者				色觉正常观察者				
	AD1	AD2	P1	AP1	N1	N2	N3	N4	N5
红	75	84	100	52	20	0	4	15	4
绿	37	18	53	34	63	0	30	89	0
蓝	90	74	69	56	52	4	7	39	8
紫	11	63	70	61	46	4	12	66	12
总分	213	239	292	203	181	8	53	209	24

图 2-4 中，红色和绿色矩形分别表示第一型和第二型色觉异常对应的混淆线的方向。黑色轨迹为根据观察者错误分画出的错误轴。FM 100-Hue 测验通过观察错误轴是否朝特定方向延伸来判断色觉异常类型，错误轴的延伸方向与第一型色觉异常混淆线的方向一致，则为第一型色觉异常，反之亦然。N1 虽然错误分数较高，接近于色觉异常者，但错误轴没有朝特定方向延伸，因此属于色辨别能力较低的色觉正常者。P1 和 AP1 的错误轴基本朝第一型色觉异常对应的方向延伸。AD1 的错误轴有延伸，但并没有朝第二型色觉异常方向延伸。

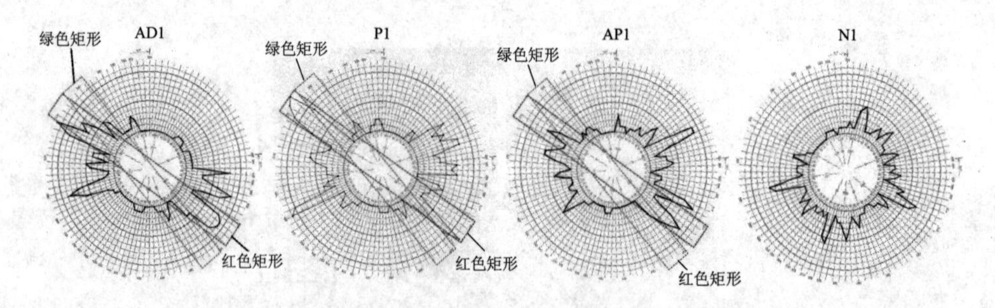

图 2-4　FM 100-Hue 测验中的错误分图

与前面的测验工具相比，FM 100-Hue 测验已经能在一定程度上定量地描述色辨别能力，只是更适合用于描述色觉正常者的色辨别能力。FM 100-Hue 测验能通过错误轴检测出色觉异常，但在进行第一型和第二型色觉异常分类时并不是很准确。

2.3.5　剑桥色觉测验

图 2-5 所示为观察者在剑桥色觉测验中得到的三个色度背景对应的颜色辨别阈值在 CIE1976 颜色感知空间中的表示。黑色十字表示观察者在中心色度点的 20 个方向上通过阶梯法(Staircase)得到的辨别阈值。通过使得椭圆的中心等于背景色度值，最小化椭圆和数据点之间的距离的平方和，可获得拟合椭圆。色觉正常者的色辨别椭圆非常小，且长短轴比例较小，通常小于 2.0。图 2-5 中，N1 和 N2 的色辨别椭圆均较小，说明他们为色觉正常者，N1 比 N2 的要大，说明 N1 的色辨别能力比 N2 的低；其余色辨别椭圆均较大，属于色觉异常。测验通过三个色辨别椭圆长轴的指向来区分第一型和第二型色觉异常：指向红色盲共点(Copunctal point)($u'=0.656$，$v'=0.501$)(Regan et al., 1994)，为第一型色觉异常；指向绿色盲共点($u'=-1.217$，$v'=0.782$)，为第

二型色觉异常。P1、P2、P3 和 AP1 的椭圆长轴均指向红色盲共点方向，D1、AD1 和 AD2 的椭圆长轴指向绿色盲共点方向，这说明剑桥色觉测验可区分第一型和第二型色觉异常。剑桥色觉测验根据椭圆的大小来区分色盲和色弱，如果色辨别椭圆较大，且延伸到色域外面，则可能为色盲；如果椭圆大小介于色觉正常和色盲之间，则可能为色弱。图 2-5 中，P1 和 P2 的椭圆延伸到色域外，则推断他们为色盲；P3 可能为色盲或重度色弱；D1、AD1 和 AD2 的椭圆均延伸到色域外，推断他们为色盲。显然，P3、AD1 和 AD2 的判断与色盲检查镜的结果不符。可见，剑桥色觉测验虽然能在均匀颜色感知空间中量化各种类型观察者的颜色辨别能力，但不能区分色盲和重度色弱。

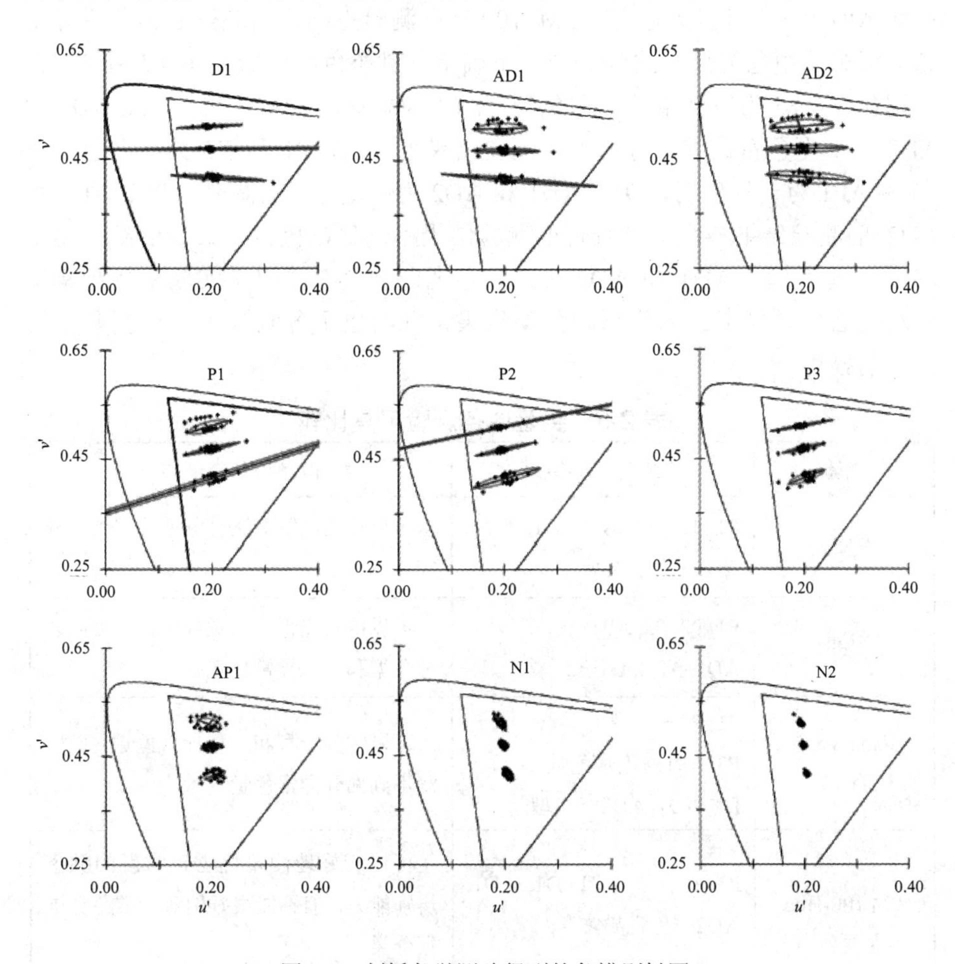

图 2-5　剑桥色觉测验得到的色辨别椭圆

2.4 各测验工具比较

在实验过程中，石原表首先正确检出了所有的七个观察者为色觉异常者。标准色觉检查表表明七个观察者为先天红绿色觉异常且 P1、P2、P3 和 AP1 为一型色觉异常，AD1、AD2 和 D1 为二型色觉异常。D-15 测验进一步显示 P1 和 P2 为一型色觉异常，AD1、AD2 和 D1 为二型色觉异常，而 AP1 和 P3 为正常色觉。结合标准色觉检查表和 D-15 测验的检测结果，可猜测 AP1 和 P3 可能为色弱。FM 100-Hue 测验正确检出观察者为色觉异常者，但第二型色觉异常的分类结果不确定。剑桥色觉测验显示 P1 和 P2 为一型色盲，P3 为较严重的一型色弱，AP1 为普通的一型色弱，D1、AD1 和 AD2 为二型色盲。综合分析五种测验结果可得出，P1 和 P2 为一型色盲，P3 和 AP1 为一型色弱，D1、AD1 和 AD2 为二型色盲。显然，P3、AD1 和 AD2 的测验结果与色盲检查镜的测验结果不一致，色盲检查镜的结果显示 P3 为一型色盲，AD1 和 AD2 为二型色弱。表 2-5 给出了实验中各测验工具对七名色觉异常者的检测和分类结果，并给出了各测验工具检测和分类能力的描述。

表 2-5 实验中各测验工具比较

测验	检测与分类结果	检测与分类能力
石原表	P1, P2, P3, AP1, D1, AD1, AD2→色觉异常	可以检测，但不能对色觉异常进行分类
SPP	P1, P2, P3, AP1→一型 AD1, AD2, D1→二型	可以检测先天性色觉异常，并可以区分一型和二型异常色觉
Farnsworth D-15	P1, P2→一型 P3, AP1→正常色觉 D1, AD1, AD2→二型	可以区分一型和二型异常色觉，但检测不到部分异常色觉
FM 100-Hue	P1, P2, P3, AP1, D1, AD1, AD2→色觉异常	可以较好地测量色觉正常者的颜色辨别能力，但不能很好地对异常色觉进行分类

续表

测验	检测与分类结果	检测与分类能力
剑桥色觉测验	P1, P2→一型色盲 P3→重度一型色弱 AP1→一般一型色弱 D1, AD1, AD2→二型色盲	可以提供各观察者在 CIE1976 颜色感知空间中表示的颜色辨别椭圆，可以区分一型和二型异常色觉，但容易将重度三色觉异常分类为二色觉异常
色盲检查镜	P1, P2, P3→一型色盲 AP1→一型色弱 D1→二型色盲 AD1, AD2→二型色弱	可以区分一型和二型异常色觉，也可以区分二色觉异常和三色觉异常

本章介绍的五种检测工具的配合使用在区分第一型和第二型色觉异常以及色盲和一般色弱方面与色盲检查镜的结果一致，但在区分色盲和重度色弱时不一致。假同色图和色相排列工具是根据色度图中的色盲混淆线设计的，而色盲混淆线是基于大多数色盲得到的平均值，因此这两种工具可以大致筛选出色觉异常者，但不能进行精确分类。先天性色觉异常可由两个方面定义：一是感光色素发生了缺失或变异，二是在颜色匹配实验中与色觉正常者相比表现异常。虽然剑桥色觉测验可得到观察者个人的色差阈值，但这并不代表能准确地预测观察者在颜色匹配中的表现。色盲检查镜的设计正好采用了颜色匹配这一原理，观察者通过调整红色和绿色的比例来与黄色匹配，所用红色和绿色的比例反映出观察者的色觉类型。红色盲和绿色盲可以接受任意比例，红色弱需要比色觉正常者多的红色，而绿色弱需要更多的绿色。由于视觉实验对观察者色觉类型的确定有非常高的要求，因此不能正确区分色盲和重度色弱使得常用的测验工具不能代替色盲检查镜。

基于以上结果，可得到一个视觉实验前期色觉异常的检测和分类流程，如图 2-6 所示。首先通过石原表大面积筛选出色觉异常者，再对筛选出的色觉异常者通过色盲检查镜测验进行精确分类。在满足了精确分类的要求后，可根据实验的实际情况选择性地使用其他测验工具。在有些情况下，要求研究对象是某种特定类型的色觉异常者，此时可以通过色相排列有目的地快速筛选出需要的色觉异常类型，随后用色盲检查镜进行更精确的检验。剑桥色觉测验则可在均匀颜色感知空间中定量地描述观察者的颜色辨别能力，为基于视觉心理物理学方法的颜色视觉机制的研究提供了极大的便利。总的来说，色盲检查镜目前仍是视觉实验前期色觉异常检测和分类中不可缺少的工具，但是色盲检查镜也被发现不能很好地预测颜色辨别能力，这还需要将来进一步完善。

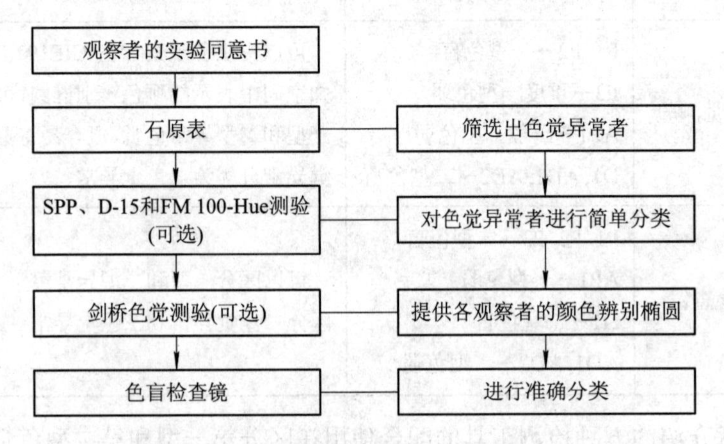

图 2-6　色觉异常的检测和分类流程

参考文献

黄时洲，吴德正，罗荅青，等，2000. 不同明度和不同饱和度D-15试验的临床应用. 眼科学报，16(2): 84-86.

卢智平，刘真，张建青，2014. 简易环境光对比度与恰可察觉明度阈值建模. 光学学报，34(9): 0933002.

秦锋，杨卫平，杨葭，等，2014. 基于亮度信息匹配的国画艺术品图像重建研究. 光学学报，34(10): 1033001.

曾晓明，蒙昌亮，2013. Panel D-15检查法在招收飞行学员中的应用. 国际眼科杂志，13(9): 1933-1934.

BARAAS R C, FOSTER D H, AMANO K et al, 2009. Color constancy of red-green dichromats and anomalous trichromats. Investigative Ophthalmology & Visual Science, 51(4): 2286-2293.

BARBUR J, RODRIGUEZ-CARMONA M, HARLOW J, et al, 2008. A study of unusual Rayleigh matches in deutan deficiency. Vis Neurosci, 25(3): 507-516.

BIRCH J, 2010. Identification of red-green colour deficiency: sensitivity of the Ishihara and American Optical Company (Hard, Rand and Rittler) pseudo-isochromatic plates to identify slight anomalous trichromatism. Ophthal Physiol, 30(5): 667-671.

BOEHM A E, MACLEOD D I A, Bosten J M, 2014. Compensation for red-green contrast loss in anomalous trichromats. J. Vis., 14(13): 19,1-17.

BUCHSBAUM G, 1980. A spatial processor model for object colour perception. J. Franklin Inst., 310(1): 1-26.

COLE B L, LIAN K Y, LAKKIS C, 2007. Using clinical tests of colour vision to predict the ability of colour vision deficient patients to name surface colours. Ophthal. Physiol. Opt., 27(4): 381-388.

GOLZ J, MACLEOD D I A, 2002. Influence of scene statistics on colour constancy. Nature, 415(6872): 637-640.

LAND EH, MCCANN J J, 1971. Lightness and retinex theory. J. Opt. Soc. Am. A., 61(1): 1-11.

PARAMEI G V, BIMLER D L, CAVONIUS C R, 1998. Effect of luminance on color perception of protanopes. Vision Res., 38(21): 3397-3401.

REGAN B C, REFFIN J P, MOLLON J D, 1994. Luminance noise and the rapid determination of discrimination ellipses in colour deficiency. Vision Res., 34(10): 1279-1299.

RÜTTIGER L, MAYSER H, SÉREY L, et al, 2001. The color constancy of the red-green color blind. Color Research and Application, 26(S1): S209-S213.

UCHIKAWA K, FUKUDA K, KITAZAWA Y, et al, 2012. Estimating illuminant color based on luminance balance of surfaces. J. Opt. Soc. Am. A., 29(2): A133-A143.

VON KRIES J, 1970. Chromatic adaptation. Sources of Color Science. MACADAM D L, ed. Cambridge, MA: MIT Press, 145-148.

WANG Q, XU H, CAI J, 2015. Chromaticity of white sensation for LED lighting. Chin. Opt. Lett., 13(7): 073301.

WANG Z, XU H, 2014. Evaluation of small suprathreshold color differences under different background colors. Chin. Opt. Lett., 12(2): 023301.

ZHANG X, WANG Q, YANG G, et al, 2014. Acquiring multi-spectral images by digital still cameras based on XYZLMS interim connection space. Chin. Opt. Lett. 12(11): 113302.

第3章 色觉异常者的颜色恒常性

3.1 引 言

国内关于色觉异常者的研究主要是色觉异常者的交通信号识别解决方案(范腾飞 等，2013；范腾飞，2014)、面向色觉异常者的电子地图研究(白小双 等，2009)、色觉异常者的色觉检查(曹瑞丹，2009)以及色觉异常者的图像模拟及矫正(吴丽思，2014；鲍吉斌，2009)。目前还没有关于色觉异常者的颜色恒常性机制的研究。国际上一些研究者对红绿色觉异常者的颜色恒常性进行了初步的研究(Morland et al.，1997；Rüttiger et al.，2001；Amano et al.，2003；Baraas et al.，2004；Baraas et al.，2010)。通过颜色命名的方法发现红绿色觉异常者的颜色恒常性随着色辨别能力的下降而下降(Morland et al. 1997)。通过非彩色调整方法发现当光源色度沿着普朗克轨迹、红绿主轴和蓝黄主轴改变时，红绿色觉异常者的颜色恒常性与色觉正常者的均相似，只是与其他光源相比，红绿色光源下观察者的调整值存在较大的个人差异(Rüttiger et al.，2001)。通过区分物体反射率变化和光源变化的方法，发现当光源色度沿着普朗克轨迹和红绿主轴变化时，红绿色觉异常者的颜色恒常性比色觉正常者的差一些(Amano et al.，2003；Baraas et al.，2004；Baraas et al.，2010)。关于调制红绿色觉异常者的颜色恒常性机制，有以下假设：锥体适应性可能是导致颜色恒常性的主要原因(Morland et al.，1997)，蓝黄色觉系统可能是红绿二色觉者颜色恒常性形成的基础(Rüttiger et al.，2001)，色觉异常者的色觉系统可能利用了视网膜中余下锥体内部的兴奋性比例来实现颜色恒常性(Amano et al.，2003)。

总的来说，从以往的研究结果可以看出，当光源色度沿着普朗克轨迹和红绿主轴改变时，红绿色觉异常者的颜色恒常性并没有完全失去。光源颜色的识别是一个可能因素，光源色度沿着普朗克轨迹变化时主要引起 S 锥体刺激量的变化，即蓝黄颜色的变化，红绿色觉异常者可以利用他们正常的蓝黄色觉系统识别到光源颜色的变化。在红绿色光源下，虽然红绿色觉异常者的颜色辨别能力下降，但由于红绿色光源的色度并不处于色盲混淆线上，因此红绿色觉异常者仍能够识别微小的光源变化，从而保证了颜色恒常性。

3.2　刺激物设计

在基于二维模拟场景的颜色恒常性研究中，如果周围背景设为某种单一的颜色，则周围背景与中心色块形成的彩色对比度会对颜色恒常性产生影响。因此，本实验中采用大量的各色椭圆堆积起来形成多颜色背景，多颜色背景可有效降低彩色对比度对颜色恒常性的影响。此外，中心色块和周围背景的尺寸也会影响实验结果。颜色恒常性研究主要与颜色视觉通道有关，即主要与锥体的刺激有关，锥体主要分布在视网膜上中央凹的 5° 视角范围内，超过 5° 视角的范围有杆体存在，当范围扩大到视网膜的边缘区域时，杆体大量存在，锥体只占少部分。所以本次实验中中心色块的大小设置为 1° 视角，而周围背景的大小设置为 5° 视角。刺激物的详细设置见 3.2.3 节。3.2.1 节为参与实验的观察者。3.2.2 节为刺激物显示装置。

3.2.1　观察者

六个色觉异常者(均为男性)和五个色觉正常者(3 名女性，2 名男性)参与了实验。色觉异常者的年龄在 19 到 25 岁之间，平均年龄为 21.2 岁；色觉正常者的年龄在 19 到 25 岁之间，平均年龄为 23.4 岁。所有观察者均不知实验目的，且拥有正常的或矫正后正常的视敏度。观察者的色觉采用以下色觉测验工具检测：石原表(国际 38 表版本)、Farnsworth D-15 测验、标准色觉检查表(Standard Pseudoisochromatic Plates，医学书院出版)、Farnsworth-Munsell 100-Hue 测验、剑桥色觉测验(Regan et al.，1994)以及 Neitz 色盲检查镜(OT，Neitz Co. Ltd.)。色觉异常者的色觉类型按色盲检查镜的结果分类，其中三个观察者为红色盲，一个为绿色盲，两个为绿色弱。三个红色盲(KMY、OTK 和 PB)和一个绿色盲(KBY)在色盲检查镜测验中的红/绿(R/G)设置覆盖了整个可能值的范围，说明四个观察者可用任意比例的红色和绿色匹配出黄色，所以他们为红绿二色觉者。两个绿色弱(OK 和 LX)在其他色觉测验中被检测为绿色盲，但在色盲检查镜测验中，当设置在 14.5 到 15 范围内时，绿色弱(OK)的红/绿(R/G)设置范围为 8.5 到 16(绿色弱)，当设置在 13.5 到 14 范围内时，绿色弱(LX)的红/绿(R/G)设置范围为 0 到 45(重度绿色弱)。

本章刺激物色度的计算和数据分析基于如下假设：红色盲只包含 M 和 S 锥体，且二者的光谱敏感曲线和色觉正常者的一致；绿色盲只包含 L 和 S 锥体，且二者的光谱敏感曲线和色觉正常者的一致；绿色弱包含感光特性发生变化的 M 锥体(De Marco et al.，1992)。

3.2.2 刺激物显示装置

实验中的刺激物显示在 19 英寸的 CRT(CPD-G220，Sony Inc.)显示器上。显示器的分辨率为 1024×768，帧速率为 120 Hz，显卡为视觉实验专用显卡(ViSaGe，Cambridge Research Systems Inc.)，提供红、绿、蓝各个通道 14 位的分辨率。显示器的 gamma 矫正通过剑桥研究系统的一个矫正软件(VSG desktop，CRS)控制色度仪(ColorCAL，CRS)来进行。剑桥研究系统的六按钮响应盒(CB6，CRS)连接到计算机用来接收观察者的输入。一个黑色的纸板(90 cm×60 cm)垂直放置在显示器的中间，将刺激物分隔成左、右两部分，观察者左眼看左边标准光源下的场景，右眼看右边测试光源下的场景并调整测试色块的颜色。观察者离显示器的距离为 90 cm。所有实验在暗室中进行，只有 CRT 显示器一个光源。

在本次实验中，色觉异常者各自的色盲混淆线由剑桥色觉测试(Cambridge Color Test)获得。剑桥色觉测试的实验环境与主实验环境相同，只是在剑桥色觉测试中，没有使用黑色隔板，观察者双眼观察刺激物，具体实验过程和实验数据见第 2 章。

3.2.3 刺激物设计

D65 光源照射的场景和测试光源照射的场景并排地呈现在显示器上，中间相隔 1° 视角的宽度，由垂直放置在显示器和观察者之间的黑色纸板隔开。两个模拟场景均为 5° 视角大小，具有相同的空间排列结构，中心为一个 1° 视角大小的方块，周围为由 230 个椭圆堆积而成的背景，其中每个椭圆的位置和方向是随机的，短轴为 0.8° ～1.2° 视角的一个随机值，长轴为 1.6° ～2.0° 视角的一个随机值。显示器上除了模拟场景外，其余部分均为黑色。图 3-1 所示为实验中的一个刺激物图，左边为 D65 光源照射下的标准场景，右边为红色测试光源照射下的测试场景。观察者通过参考左边中心部分标准色块的颜色来调整右边中心部分测试色块的颜色。

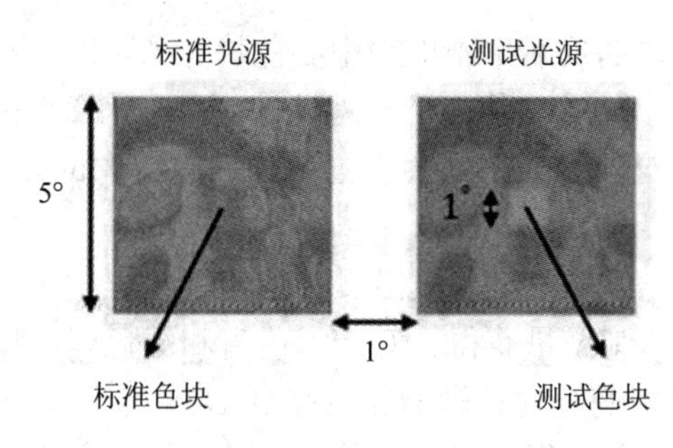

图 3-1　红色测试光源下的刺激物图

刺激物图

刺激物中用到的所有色块的反射率都取自模拟 Munsell 哑光色卡(Munsell Color Corp.，1976；Parkkinen et al.，1989)。D65 光源照射下场景中的中心色块为参考色块，反射率取自 12 个 Munsell 哑光色卡，分别为 Munsell 5R5/6、2.5YR5/6、10YR5/6、7.5Y5/6、5GY5/6、2.5G5/6、10B5/6、7.5PB5/6、5P5/6、2.5RP5/6、10RP5/6 和 N5/(反射率接近 20%，所以有些地方叫 20%参考色块)。12 个参考色块在本书中以随机顺序出现。12 个色块对应色卡的 Munsell 明度值和彩度值分别为 5/和/6，色调基本均匀分布在整个 Munsell 色环上，色卡在所有光源下的色度值均没有超过显示器的显示色域。12 个色块在 D65 光源下的 CIE1976 *u'v'*色度坐标如图 3-2 所示。测试场景中的中心色块颜色待调，初始值在 CIE1931 *xy* 色度图中的坐标为(0.3333，0.3333)。

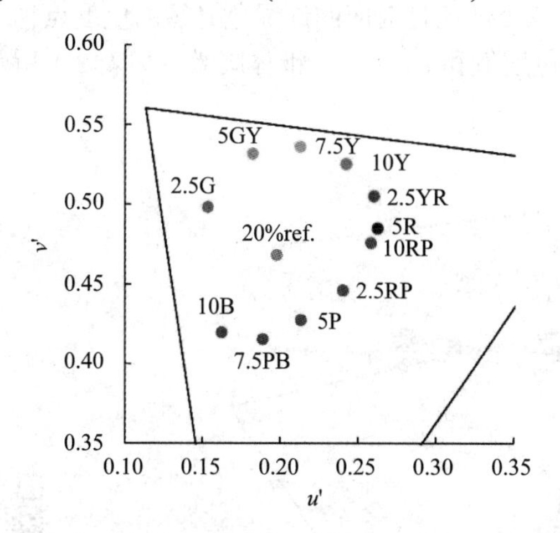

图 3-2　12 个 Munsell 色块在 D65 光源下的 CIE1976 *u'v'* 色度坐标

刺激物背景中椭圆的反射率取自 8 个 Munsell 色卡，色卡的选取过程如下所述。首先选取明度值和彩度值为 5/和/6 而色调大体均匀分布在 Munsell 色环上的色卡，然后考虑到背景中色块的反射率不能与中心色块一致，以防观察者在实验中参考背景色块，某些色卡的彩度值会随机地调整到/4 或者/8。在观察者重复的 6 次实验中，背景中椭圆的反射率都会通过顺时针旋转 Munsell 色环按以上方法重新选取一次。

在本次实验中，红绿色测试光源的色度通过沿着各观察者色辨别椭圆的长轴改变 D65 光源的 *L*、*M*、*S* 锥体刺激量获得。对于绿色盲和绿色弱，绿色或红色光源的色度值通过沿着色辨别椭圆的长轴增加或减少 D65 光源 10%的 *M* 锥体刺激量获得。对于红色盲，红色或绿色光源的色度值通过沿着色辨别椭圆的长轴增加或减少 D65 光源 5%的 *L* 锥体刺激量获得。对于色觉正常者，红色或绿色光源的色度值通过沿着标准绿色盲混淆线($x_d = 1.4000$, $y_d = -0.4000$)改变 D65 光源 10%的 *M* 锥体刺激量获得。所有观察者使用同样的蓝色和黄色光源，蓝色和黄色光源的色度值接近于观察者色辨别椭圆的短轴。实验中采用的所有光源在 CIE1976 *u'v'* 色度图中的位置如图 3-3 所示。图中，红色曲线为红色盲和红色弱观察者的色辨别椭圆；绿色曲线为绿色盲和绿色弱的色辨别椭圆；黑色直线为各色觉异常者色辨别椭圆的长轴和标准色盲混淆线；空心方块和圆分别表示红色盲以及绿色盲和绿色弱对应的光源；红色和绿色实心圆表示色觉正常者的红绿色光源；黑色实心圆表示 D65 光源；空心三角形表示蓝色和黄色光源。从图 3-3 中可看出，两个绿色弱和一个绿色盲对应的红绿色光源的色度点基本重合，三个红色盲对应的红绿色光源的色度点也基本重合。所有光源的 CIE1976 *u'v'* 色度值和 *L*、*M*、*S* 锥体刺激量如表 3-1 所示。

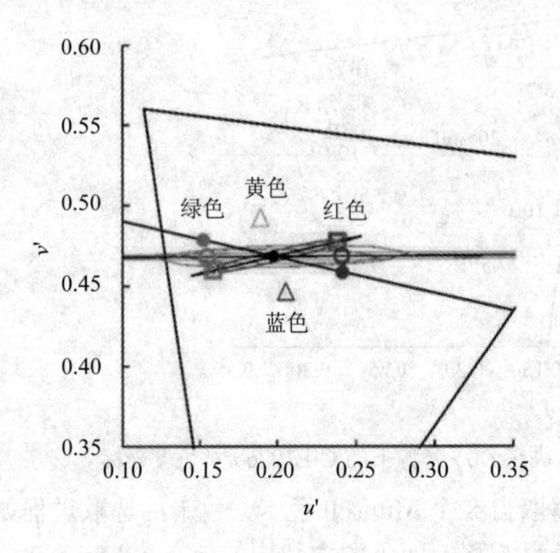

图 3-3　所有光源在 CIE1976 *u'v'* 色度图中的位置

所有光源的色度值

表 3-1　所有光源的 CIE1976 $u'v'$ 色度值和 L、M、S 锥体刺激量

光源	观察者	u'	v'	L	M	S
D65		0.198	0.468	16.37	8.63	0.44
红色(P)	KMY	0.239	0.478	17.19	7.81	0.37
	OTK	0.238	0.477	17.19	7.81	0.37
	PB	0.238	0.477	17.19	7.81	0.37
红色(D)	KBY	0.241	0.469	17.23	7.77	0.41
红色(DA)	LX	0.241	0.468	17.23	7.77	0.41
	OK	0.241	0.469	17.23	7.77	0.40
红色(N)		0.242	0.459	17.23	7.77	0.46
绿色(P)	KMY	0.159	0.459	15.55	9.45	0.51
	OTK	0.159	0.459	15.55	9.45	0.51
	PB	0.159	0.459	15.55	9.45	0.51
绿色(D)	KBY	0.155	0.468	15.51	9.49	0.47
绿色(DA)	LX	0.154	0.468	15.51	9.49	0.46
	OK	0.155	0.467	15.51	9.49	0.47
绿色(N)		0.152	0.479	15.51	9.49	0.42
蓝色	全部	0.206	0.446	16.47	8.53	0.55
黄色	全部	0.189	0.493	16.47	8.53	0.32

注：(P)表示红色盲的光源，(D)表示绿色盲，(DA)表示绿色弱观察者，(N)表示色觉正常者。

在本次实验中，所有光源的照射强度均设置为使得被照射的 N5/色块的亮度值为 25 cd/m^2。表 3-2 显示了所有光源下色觉正常者六次实验中总共使用的 48 个 Munsell 色块的最大、最小和平均亮度值(cd/m^2)。从表 3-2 中可看出，在所有光源下 48 个色卡的亮度值在一个相对较小的范围内变化。针对色觉异常者的亮度值的计算基于如下假设：红色盲和绿色盲的光效率函数与色觉正常者的 M 和 L 锥体的光谱敏感曲线一致，绿色弱观察者的光效率函数是 L 锥体刺激量和变异的 M 锥体刺激量(M' 锥体刺激量)的和(De Marco et al., 1992)。

表 3-2　色觉正常者对应的所有光源下刺激物背景中色块的亮度信息分布(cd/m^2)

光源	最大值	最小值	平均值(±SD)
D65	23.0	20.6	21.7 ± 0.5
红色	26.4	19.4	22.3 ± 1.7
绿色	24.4	18.4	21.2 ± 1.5
蓝色	23.7	20.4	21.8 ± 0.6
黄色	23.0	20.3	21.7 ± 0.7

测试光源的辐射光谱主要通过日光光谱基本函数线性组合而成(Judd et al.，1964)。Munsell 哑光色卡的反射率取自东芬兰大学光谱颜色研究组的数据库(https: //www.uef.fi/spectral/spectral-database)。刺激物中色块的色度通过 Munsell 色卡的光谱反射率、光源的辐射光谱和 CIE1931 标准颜色匹配函数(Wyszecki et al.，1982)计算获得，公式如下：

$$\begin{cases} X = K_{\mathrm{m}} \int L_{\lambda} I_{\lambda} \bar{x}(\lambda) \mathrm{d}\lambda \\ Y = K_{\mathrm{m}} \int L_{\lambda} I_{\lambda} \bar{y}(\lambda) \mathrm{d}\lambda \\ Z = K_{\mathrm{m}} \int L_{\lambda} I_{\lambda} \bar{z}(\lambda) \mathrm{d}\lambda \end{cases} \tag{3-1}$$

其中，X、Y 和 Z 是光源照射下色块的三刺激量；L_{λ} 表示光源的辐射光谱；I_{λ} 是色块的光谱反射率；$\bar{x}(\lambda)$、$\bar{y}(\lambda)$ 和 $\bar{z}(\lambda)$ 是 CIE1931 标准颜色匹配函数；$K_{\mathrm{m}} = 683$。三刺激量的计算过程中，光谱的取样间隔为 5 nm，取样范围为 380～780 nm。对于色觉正常者和二色觉者，在三刺激量 X、Y、Z 与锥体刺激量 L、M、S 转换时，采用由 Smith-Pokorny(1975)锥体基底定义的转换矩阵，即

$$\boldsymbol{M} = \begin{pmatrix} 0.15516 & 0.54308 & -0.03287 \\ -0.15516 & 0.45692 & 0.03287 \\ 0 & 0 & 0.01608 \end{pmatrix} \tag{3-2}$$

3.3　颜色匹配过程

实验中，观察者通过剑桥研究系统的六按钮响应盒调整测试光源下中心色

块的色度和亮度。对于色觉正常者来说，响应盒上六个按钮的功能分别为：两个按钮控制蓝-黄颜色变化，两个按钮控制红-绿颜色变化，两个按钮控制亮度变化。对于色块颜色，基于CIE1931 *xy*色度图，红-绿颜色变化通过增加或减少红绿显像管的亮度来控制，蓝-黄颜色变化通过增加或减少蓝显像管和红绿显像管最大输出时的黄色亮度来控制。

色觉异常者首先被要求像色觉正常者一样调整色块的红-绿、蓝-黄颜色以及亮度来完成一组实验，然后通过只调整蓝-黄颜色和亮度再完成一组实验。所有色觉异常者均报告他们只需要调整蓝-黄颜色和亮度信息即可获得任何他们想要的颜色，红-绿颜色的调整只会使得调整过程更加复杂。最终，在实验中所有色觉异常者均只调整色块的蓝-黄颜色和亮度信息。这意味着对于色觉异常者来说，最后调整获得的色度点位于蓝-黄色调整线上。蓝-黄色调整线在CIE1931 *xy* 色度图中连接的是蓝显像管对应的色度点和红绿显像管最大输出时对应的黄色色度点。

在第一次实验前，所有观察者均针对如何使用六按钮响应盒调整色块的色度和亮度进行了3分钟练习。在每次实验开始前，观察者首先适应D65色温、亮度为25 cd/m^{2}的白色屏幕5分钟。每次实验中标准光源都是D65，在所有试验中保持不变。测试光源有5种，即D65光源、红色和绿色测试光源(或者蓝色和黄色测试光源)以及低饱和度的红色和绿色测试光源(或者低饱和度的蓝色和黄色测试光源)，对应实验中的五个实验块。低饱和度测试光源下的数据在本章没有进行讨论。在每个实验块开始前，观察者首先适应椭圆背景5分钟(椭圆背景与正式实验中的背景完全一样，只是没有中心色块)，然后开始正式实验。在实验中，观察者的任务是通过参考标准光源场景下的中心色块，调整测试光源场景下中心色块的色度和亮度，使得测试色块和标准色块“像从同一张纸上剪下来的”(Arend et al.，1986；Arend et al.，1991)。在每种测试光源条件下，观察者总共需要调整12个色块，对应12次试验。这样就包括12(色块)×5(光源) = 60次试验，大约花费1个半小时，平均每次试验需要花费1.5分钟。每名观察者总共重复六次这样的实验过程，三次实验中显示器左边为标准光源照射的标准场景，右边为测试光源照射的测试场景，另外三次实验中正好相反。

3.4 颜色匹配结果分析

本节主要从以下三个方面对颜色匹配结果进行分析：颜色恒常性指数、锥体刺激量和彩色对立通道值。颜色恒常性指数是在 CIE1976 $u'v'$ 色度空间中计算的，所以本节首先从色度坐标的角度度量颜色匹配结果对应的颜色恒常性程度。L、M 和 S 锥体刺激量的分析有助于判定颜色匹配结果是否可被 von Kries 模型预测。有研究表明，彩色适应不仅发生在锥体阶段，还可能发生在彩色对立通道阶段，所以本节还试图分析了颜色匹配结果对应的彩色对立通道值是否遵循 von Kries 模型。

3.4.1 颜色恒常性指数

对于色觉正常者，Arend、Reeves、Schirillo 和 Goldstein(1991)提出了一种恒常性指数来定量地描述颜色恒常性的大小。计算颜色恒常性指数的示意图如图 3-4(a)所示，计算方法如下：

$$I = 1 - \frac{b}{a} \tag{3-3}$$

其中，b 表示测试光源下观察者调整中心色块获得的色度值和理论色度值之间的欧氏距离；a 表示标准光源下中心色块的色度值和测试光源下中心色块的理论色度值之间的欧氏距离。色度值之间的欧氏距离在 CIE1976 $u'v'$色度空间中定义，因为 CIE1976 $u'v'$是感知均匀颜色空间，两个色度值之间的欧氏距离表示色度值代表的两个颜色之间的色差。测试光源下中心色块的理论色度值为中心色块的反射率、测试光源辐射光谱以及 CIE1931 标准颜色匹配函数的乘积。理论色度值是假设色块的反射率不变，只有光源改变而计算得到的。

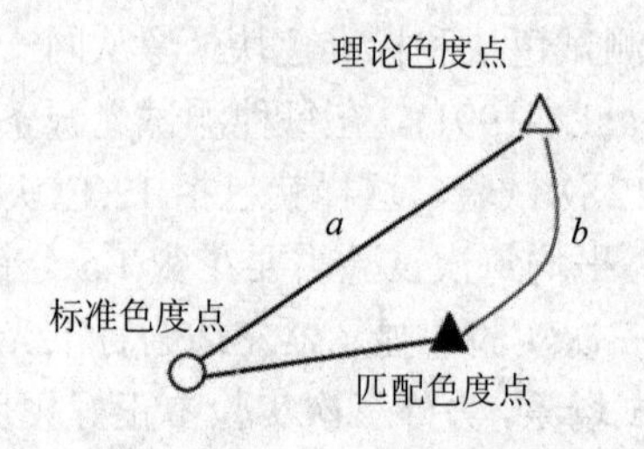

(a) Arend等(1991)提出的用于计算色觉正常者颜色恒常性指数的示意图

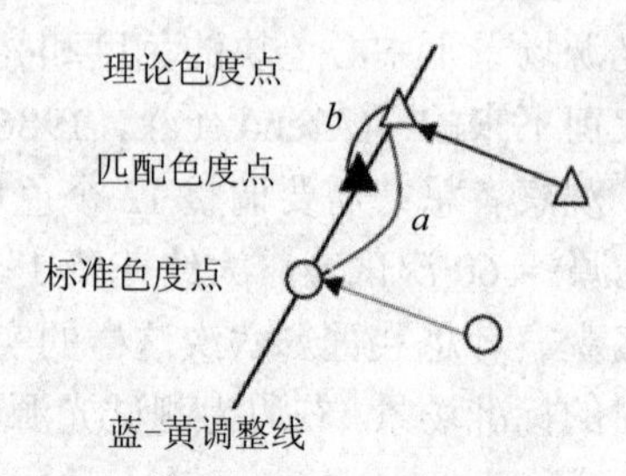

(b) 改进的用于计算色觉异常者颜色恒常性指数的示意图

图 3-4　用于计算颜色恒常性指数的示意图

颜色恒常性的定义为：在不同的光源条件下，针对同一个物体表面，我们感知到的颜色应该保持不变。这意味着：① 对于同一个色卡，在 D65 光源和测试光源下的色度值不同；② 尽管色度值不同，但我们对色卡的颜色感知保持不变。在非对称颜色匹配实验中，观察者根据实验者给出的指令调整色块颜色，由于实验者给出的指令是一个颜色恒常性任务指令，因此只有当观察者调整的测试色块的色度值与理论值相同时，才被认为完全达到了颜色恒常性，此时对应的恒常性指数 I 为 1。如果观察者调整的测试色块的色度值与标准光源下标准色块的色度值完全相同，则说明观察者只是根据光源照射下色块的色度值识别颜色，而不是根据色块本身的反射率识别颜色，此时对应的指数 I 为 0，说明颜色恒常性不存在。

图 3-5 所示为色觉正常者在红、绿、蓝和黄色四种测试光源下，12 个色块上的颜色恒常性指数。在黄色光源下，指数在色块 7.5PB5/6 和 10B5/6 上出现了负值，表明色觉正常者在黄色光源下的颜色恒常性不好。在红、绿、蓝和黄色光源下，12 个色块上的指数平均值分别为 0.55、0.34、0.35 和 0.12。

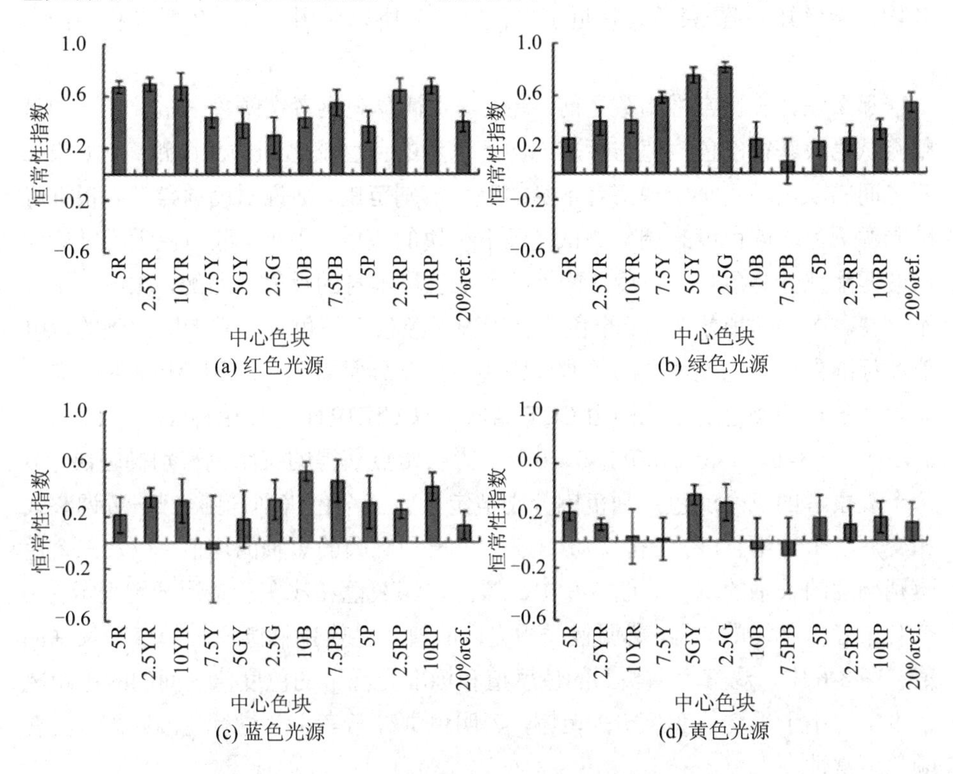

图 3-5　色觉正常者在红、绿、蓝和黄色四种光源下 12 个色块上的颜色恒常性指数

说明：图 3-5 中数据为五个色觉正常者的平均值，误差线表示均值的标准误差(SEM)。

对于色觉异常者，由于他们调整测试色块颜色后的色度点位于蓝-黄调整线上，因此色觉正常者的颜色恒常性指数的计算方法不能直接应用到色觉异常者的情况下，而是需要将标准光源下标准色块的色度值和测试光源下测试色块的理论色度值投影到蓝-黄调整线上，然后在蓝-黄调整线上进行恒常性指数的计算，计算过程示意图如图 3-4(b)所示。标准色度值和理论色度值在蓝-黄调整线上的投影通过实际实验获得，即在相同光源条件下，色觉异常者忽略背景信息，只调整中心色块的色度和亮度使之与参考色块的一模一样。这个投影过程实际上是将正常三色觉者由红-绿和蓝-黄维度定义的颜色空间映射到二色觉者只由蓝-黄维度定义的颜色范围。一般来说，红绿色弱的红-绿色辨别能力有的接近于二色觉者，而有的与正常三色觉者相同，但大部分位于二者之间，因此颜色感知空间与以上二者均不同。但考虑到本次实验中的两个绿色弱观察者均只能感知到蓝-黄色，接近于二色觉者，所以采用了与二色觉者相同的度量方法。

那么在计算恒常性指数之前，首先需要计算观察者在颜色恒常性任务中调整测试色块获得的色度值与标准光源下色块的色度值之间的欧氏距离。如果二者之间的欧氏距离小于观察者本身的颜色辨别范围，则说明色觉异常者根据标准光源下色块的色度来调整测试光源下色块的色度，即在实验中色觉异常者完成的匹配任务是色块的色度匹配，而不是色块本身的反射率匹配，颜色恒常性不存在。图 3-6 所示为 12 个色块上四种光源条件下色觉异常者匹配到的色度值和标准色块的色度值之间的欧氏距离与色觉异常者颜色辨别范围值的比较。观察者各自的颜色辨别范围由 CCT 测试中以 CIE1931 色度坐标$(x, y) = (0.313, 0.329)$、(0.346，0.407)和(0.280，0.253)为初始点获得的三个色辨别椭圆决定。每个观察者的三个颜色辨别范围分别被定义为三个色辨别椭圆与蓝-黄调整线相交后三个一半长度范围的均值、三个色辨别椭圆的短轴的均值，以及三个色辨别椭圆的长轴的均值。图 3-6 中，黑色、深灰色和浅灰色条形分别表示在 6 个观察者上平均的与蓝-黄调整线相交后的值、色辨别椭圆短轴的值和长轴的值。图 3-6 中，观察者调整到的色度值和标准光源下的色度值之间的欧氏距离基本上均小于平均的颜色辨别范围，表明色觉异常者主要进行色度匹配，没有颜色恒常性。

在计算色觉异常者的颜色恒常性指数时发现，有些色卡的指数值非常高，而有些色卡的指数值为负值。经分析发现，这些奇怪的指数值对应的色块均满足匹配色度值和标准色度值之间的欧氏距离小于颜色辨别范围。把这些色块移除后，剩下色块的指数值并没有表现出一定的颜色恒常性，这可能是因为色块的标准色度值和理论色度值是通过另外的色度匹配实验获得的，而这样获得的色度值不是非常精确和稳定的。总的来说，尽管 Arend 等(1991)提出的恒常性指数 I 在表示色觉正常者的颜色恒常性程度时是非常有用的，但由于色觉异常者的恒常性指数较难获得，所以在本章中 I 不被用来比较色觉正常者和色觉异常者的颜色恒常性表现。

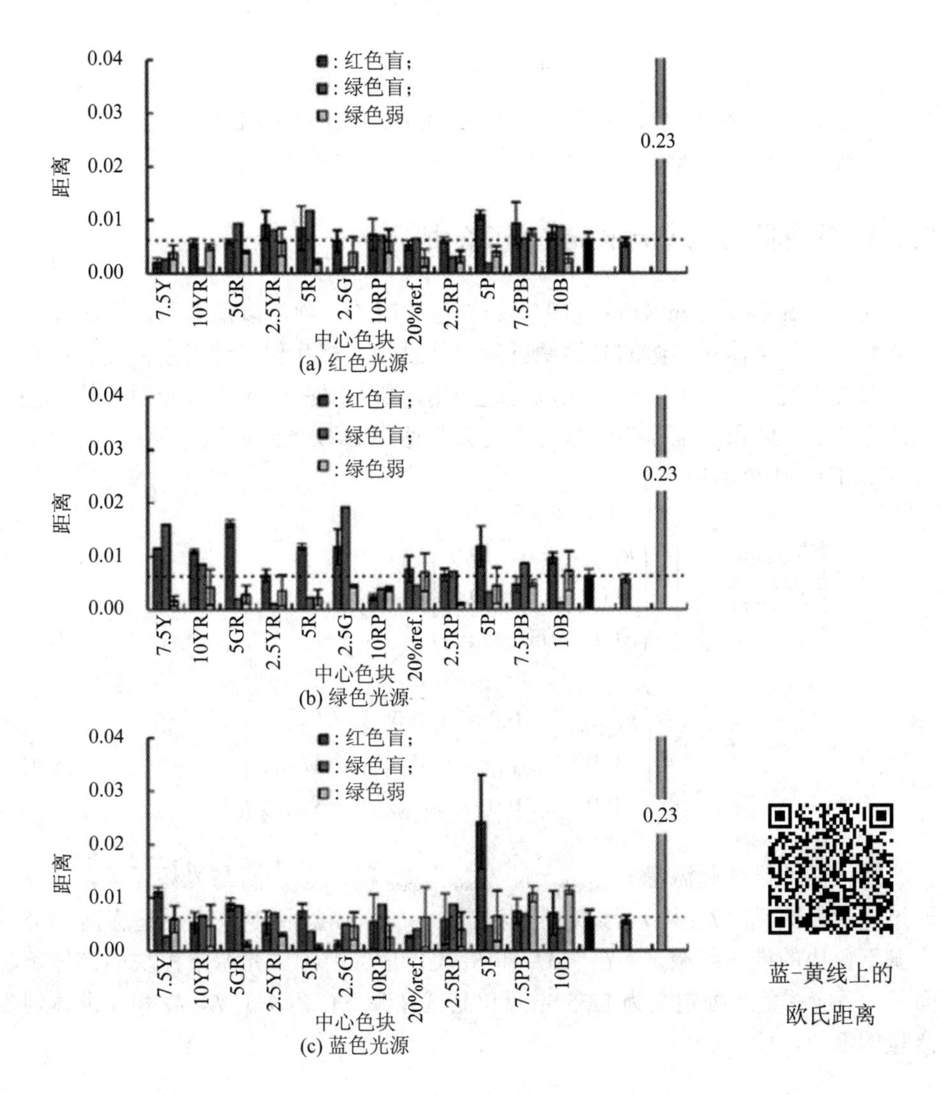

(a) 红色光源

(b) 绿色光源

(c) 蓝色光源

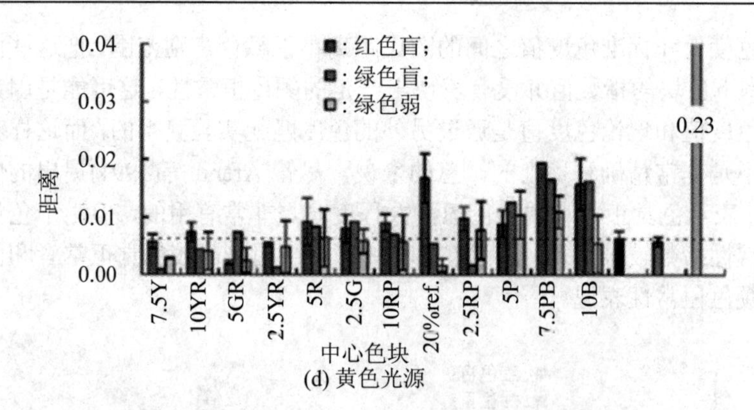

(d) 黄色光源

图 3-6　色觉异常者在红、绿、蓝和黄色光源下匹配到的色度值和标准色块的色度值之间在蓝-黄调整线上的欧氏距离与色觉异常者颜色辨别范围值的比较

3.4.2　锥体阶段与 von Kries 模型的拟合

von Kries 模型(von Kries，1970)是彩色适应的一种，该模型假设光源发生变化时，三种锥体对光源的光谱敏感度可线性地、相互独立地发生变化。在颜色恒常性系统中，如果锥体适应机制起作用，则人眼在适应测试光源后某一色块产生的 L、M 和 S 锥体刺激量应该与人眼适应 D65 光源后该色块产生的 L、M 和 S 锥体刺激量相同，即

$$\begin{pmatrix} L_{\text{post-adapted}} \\ M_{\text{post-adapted}} \\ S_{\text{post-adapted}} \end{pmatrix} = \begin{pmatrix} k_{\text{L,T}} & 0.0 & 0.0 \\ 0.0 & k_{\text{M,T}} & 0.0 \\ 0.0 & 0.0 & k_{\text{S,T}} \end{pmatrix} \times \begin{pmatrix} L_{\text{T}} \\ M_{\text{T}} \\ S_{\text{T}} \end{pmatrix}$$

$$= \begin{pmatrix} k_{\text{L, D65}} & 0.0 & 0.0 \\ 0.0 & k_{\text{M, D65}} & 0.0 \\ 0.0 & 0.0 & k_{\text{S, D65}} \end{pmatrix} \times \begin{pmatrix} L_{\text{D65}} \\ M_{\text{D65}} \\ S_{\text{D65}} \end{pmatrix} \tag{3-4}$$

适应后的锥体刺激量 $L_{\text{post-adapted}}$、$M_{\text{post-adapted}}$ 和 $S_{\text{post-adapted}}$ 与光源无关，可以通过适应系数 k_{L}、k_{M} 和 k_{S} 线性调整获得；L_{D65}、M_{D65} 和 S_{D65} 表示适应前 D65 光源下色块的锥体刺激量；L_{T}、M_{T} 和 S_{T} 表示适应前测试光源下色块的锥体刺激量。适应系数此处定义为 D65 光源和测试光源下白色块的 L、M 和 S 锥体刺激量的倒数，即

$$\begin{cases} k_{L,T} = \dfrac{1}{L_{W,T}} \\ k_{M,T} = \dfrac{1}{M_{W,T}} \\ k_{S,T} = \dfrac{1}{S_{W,T}} \end{cases} \tag{3-5}$$

$$\begin{cases} k_{L,D65} = \dfrac{1}{L_{W,D65}} \\ k_{M,D65} = \dfrac{1}{M_{W,D65}} \\ k_{S,D65} = \dfrac{1}{S_{W,D65}} \end{cases} \tag{3-6}$$

式中，$L_{W,D65}$ 和 $L_{W,T}$ 分别表示 D65 光源和测试光源下白色块的 L 锥体刺激量；$M_{W,D65}$、$M_{W,T}$、$S_{W,D65}$ 和 $S_{W,T}$ 分别表示 M 锥体和 S 锥体刺激量。

由式(3-4)～式(3-6)可推出，在非对称颜色匹配中 von Kries 模型预测的测试光源下色块的锥体刺激量为

$$\begin{pmatrix} L_T \\ M_T \\ S_T \end{pmatrix} = \begin{pmatrix} \dfrac{k_{L,D65}}{k_{L,T}} & 0.0 & 0.0 \\ 0.0 & \dfrac{k_{M,D65}}{k_{M,T}} & 0.0 \\ 0.0 & 0.0 & \dfrac{k_{S,D65}}{k_{S,T}} \end{pmatrix} \cdot \begin{pmatrix} L_{D65} \\ M_{D65} \\ S_{D65} \end{pmatrix} \tag{3-7}$$

其中：

$$\begin{cases} \dfrac{k_{L,D65}}{k_{L,T}} = \dfrac{L_{W,T}}{L_{W,D65}} (= k_{L,trans}) \\ \dfrac{k_{M,D65}}{k_{M,T}} = \dfrac{M_{W,T}}{M_{W,D65}} (= k_{M,trans}) \\ \dfrac{k_{S,D65}}{k_{S,T}} = \dfrac{S_{W,T}}{S_{W,D65}} (= k_{S,trans}) \end{cases} \tag{3-8}$$

式中所用的 von Kries 模型系数值 $k_{L,trans}$、$k_{M,trans}$ 和 $k_{S,trans}$ 如表 3-3 所示。

由于图 3-3 显示两个绿色弱和一个绿色盲观察者对应的红绿色光源的色度坐标基本重合，三个红色盲观察者对应的红绿色光源的色度坐标也基本重合，因此表 3-3 中只列出了根据各组内红绿色光源平均色度值计算得到的系数值。在模型计算过程中，采用的是 Smith-Pokorny 锥底(Smith et al.，1975)和 CIE1931 标准颜色匹配函数(Wyszecki et al.，1982)。对于绿色弱观察者，使用的是 M'锥体的感光特性(De Marco et al.，1992)，而不是标准的 M 锥体。

表 3-3　von Kries 模型预测中的系数值

光源	$k_{L,\,trans}$	$k_{M,\,trans}$	$k_{S,\,trans}$
红色(N)	1.05	0.90	1.05
红色(P)	1.05	0.91	0.83
红色(D, DA)	1.05	0.90	0.93
红色(DA: M')	1.05	1.01	0.93
绿色(N)	0.95	1.10	0.95
绿色(P)	0.95	1.09	1.17
绿色(D, DA)	0.95	1.10	1.07
绿色(DA: M')	0.95	0.99	1.07
蓝色	1.01	0.99	1.26
黄色	0.99	1.01	0.74

注：(D, DA)表示绿色盲和绿色弱观察者的光源。在(DA: M')的计算中，M 锥体用 M'锥体代替。

由表 3-3 可看出，红色和绿色光源引起相对较大的 *L* 和 *M* 锥体刺激量的变化，而 *S* 锥体刺激量值的变化也是不容忽视的。事实上，对于不同色觉类型的观察者，同一光源所引起的 *S* 锥体刺激量值的变化并不同。另一方面，蓝色和黄色光源几乎主要产生 *S* 锥体刺激量值的变化。

在本次实验中，二色觉系统被认为是正常三色觉系统的简化，即第一阶段包含两种类型的锥体(绿色盲包含 L 和 S 锥体，红色盲包含 M 和 S 锥体)，第二阶段为蓝-黄对立通道(对于绿色盲来说是 S-L，对于红色盲来说是 S-M)和由 L 或 M 锥体调制的亮度通道。异常三色觉系统被认为是 M(绿色弱)或 L(红色弱)锥体发生了变异的系统。因为 von Kries 模型假设对光的适应在不同类型的锥体之间没有相互作用，为了计算 von Kries 模型预测的锥体值，表 3-3 中的常数 $k_{M,\,trans}$ 和 $k_{S,\,trans}$ 可用于红色盲数据的计算，$k_{L,\,trans}$ 和 $k_{S,\,trans}$ 用于绿色盲，

而 $k_{L,\,trans}$、$k_{M,\,trans}$ 和 $k_{S,\,trans}$ 用于绿色弱观察者。

图 3-7 所示为四种测试光源下 12 个色块上色觉正常者匹配的 L 和 M 锥体刺激量与 von Kries 模型预测值的比较。如果颜色恒常性存在，且观察者的匹配值与 von Kries 模型的预测值相同，则数据点将分布在对角线上。如果颜色恒常性不存在，则观察者的匹配值与 D65 光源下的值相同，数据点将分布在黑色线上。值得注意的是，从 D65 光源变化到蓝黄色光源时，主要是 S 锥体刺激量发生了变化，L 和 M 锥体刺激量几乎没有变化，这由表 3-3 中的 von Kries 模型系数值也可看出。最终，蓝黄色光源下 von Kries 模型预测的 L 和 M 锥体刺激量和 D65 光源下的值非常接近，即黑色线与对角线基本重合。

正常色觉 L 和 M 值的比较

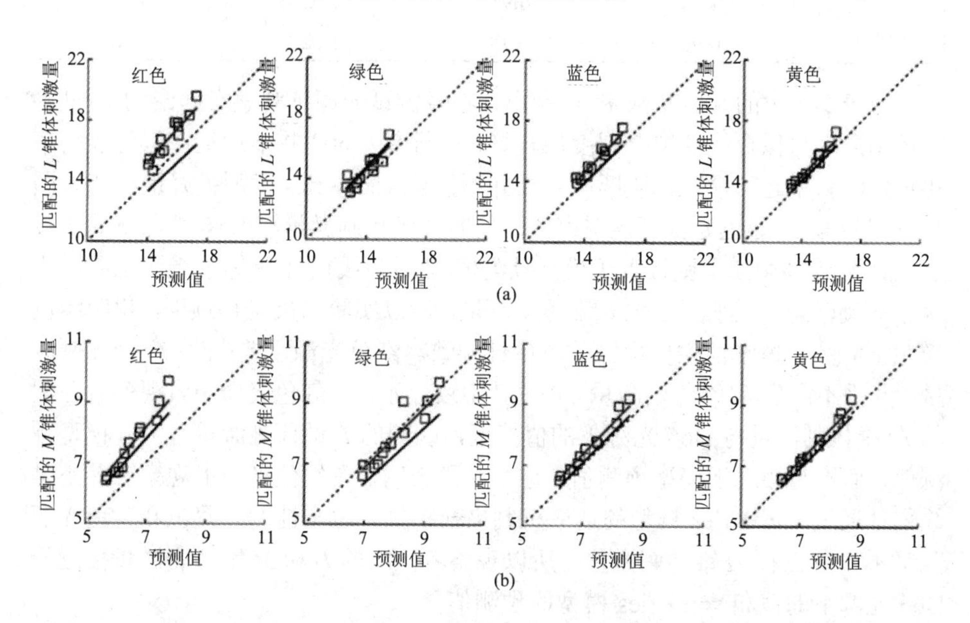

图 3-7　色觉正常者在红、绿、蓝和黄色四种测试光源(从左到右)下匹配得到的 L 和 M 锥体刺激量和 von Kries 模型预测值之间的比较

说明：图 3-7 中每个数据点(空心方块)为 5 个色觉正常观察者和 6 次重复实验的平均值。

通过将 von Kries 模型预测值乘以一个常数，使得乘积值和匹配值之间的误差平方和最小，可获得匹配值的拟合线。von Kries 类型的适应由于实验条件不同，适应程度会有所变化，这意味着适应程度不总是 100%。因此，在 von Kries 模型预测值上所乘的常数反映的正是 von Kries 类型的适应程度。拟合线的斜率 k 和对应的判定系数 R^2 的值如表 3-4 所示。斜率 k 就是在 von Kries 模型预测值上所乘的常数，理论上这个值可以在黑色线(表示无恒常性)的斜率和对角线斜率 1 (表示 100%锥体适应)之间变化。判定系数表示拟合程度，值越大，表示拟合程度越好。需要注意的是，本次实验中的判定系数是按照截距为 0 的直线计算的，而不是相关系数的平方。

表 3-4　图 3-7 中的拟合线的斜率 k 和对应的判定系数 R^2

光源	L		M	
	k	R^2	k	R^2
红色	1.09	0.87	1.17	0.91
绿色	1.04	0.77	0.98	0.87
蓝色	1.04	0.95	1.05	0.97
黄色	0.96	0.98	1.02	0.98

由表 3-4 中的判定系数 R^2 可看出，在各测试光源下观察者匹配的 L 和 M 锥体刺激量与拟合线的拟合程度均较好，但斜率 k 的值并不总是在黑色线斜率和对角线斜率之间，这说明匹配结果并不能被 von Kries 模型很好地预测。图 3-7 中显示，在绿色光源下，观察者匹配的 L 锥体刺激量与 D65 光源下的值接近，而 M 锥体刺激量则接近于模型预测值(即对角线)。由于绿色光源主要产生 M 锥体刺激量，几乎不产生 L 锥体刺激量，所以实验结果符合预期，说明绿色光源下的颜色恒常性主要由锥体适应性导致。红色光源主要产生 L 锥体刺激量，几乎不产生 M 锥体刺激量。图 3-7 中还显示，在红色光源下，观察者匹配的 M 锥体刺激量与 D65 光源下的值接近，匹配的 L 锥体刺激量远大于模型预测值，而不是接近于模型预测值。这个结果表明，在红色光源下观察者并不是简单地通过 von Kries 模型的适应机制来获得颜色恒常性的。蓝色和黄色光源几乎不产生 L 和 M 锥体刺激量，所以观察者匹配的 L 和 M 锥体刺激量接近于 D65 光源下的值和 von Kries 模型的预测值。

图 3-8 所示为四种测试光源下红色盲的 M 锥体刺激量，绿色盲的 L 锥体刺激量，绿色弱的 L、M 和 M' 锥体刺激量与 von Kries 模型预测值的比较，对应的拟合线的斜率和判定系数 R^2 如表 3-5 所示。

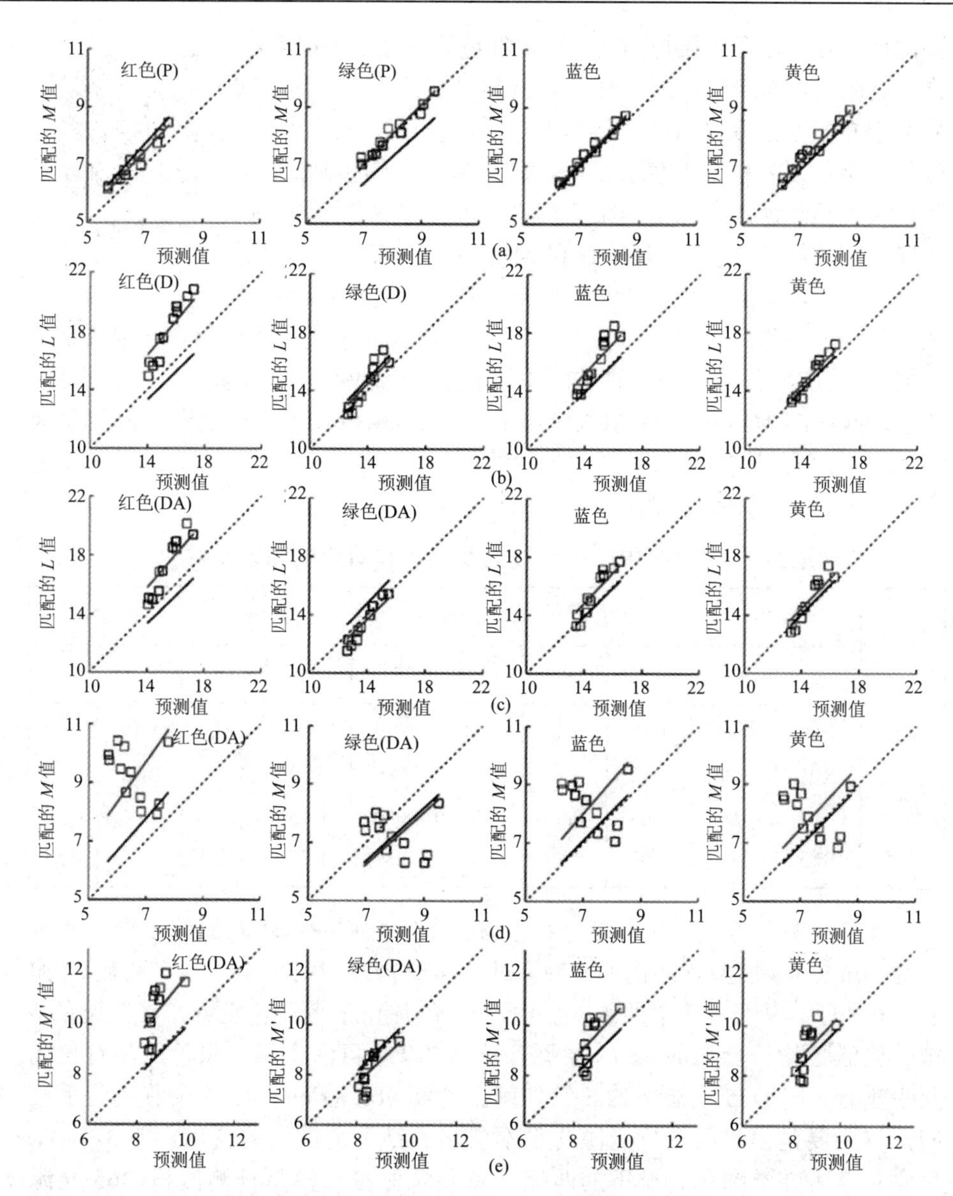

图 3-8　红、绿、蓝和黄色四种测试光源(从左到右)下红色盲的 M 锥体刺激量，绿色盲的 L 锥体刺激量，绿色弱的 L、M 和 M' 锥体刺激量与 von Kries 模型预测值的比较(从上到下)

说明：图 3-8 中符号和线条所表示的意思与图 3-7 中相同。

图 3-8 中，红色盲红色光源下匹配的 M 锥体刺激量接近于 D65 光源下的值，绿色光源下匹配的 M 锥体刺激量基本位于对角线上，与 von Kries 模型的

预测值一致。这个结果与预期一致，红色光源几乎不产生 M 锥体刺激量，而绿色光源主要产生 M 锥体刺激量，从而引起 M 锥体的适应。从图 3-8 中还可看出，红色光源下绿色盲匹配的 L 锥体刺激量系统性地偏离 von Kries 模型的预测值，且明显大于预测值。由以上结果可得出，虽然红绿色盲没有由 L-M 调制的红-绿通道，但在 L 和 M 锥体上的表现均与色觉正常者一致，即在颜色恒常性中 M 锥体刺激量能被 von Kries 模型很好地预测，而 L 锥体刺激量与 von Kries 模型的预测值存在一定的系统性偏差，尤其在产生强烈 L 锥体刺激量的红色光源下。另外，我们还可注意到，绿色弱匹配的 M' 锥体刺激量很明显不符合 von Kries 模型的预测趋势，这是因为 M' 锥体与正常的 M 锥体的感光特性不一样，而 von Kries 模型的预测值是基于正常的 M 锥体计算的。

异常色觉 L 和 M 值的比较

表 3-5　图 3-8 中的拟合线的斜率 k 和对应的判定系数 R^2

光源	M(P)		L(D)		L(DA)		M(DA)		M'(DA)	
	k	R^2	k	R^2	k	R^2	k	R^2	k	R^2
红色	1.07	0.95	1.17	0.80	1.13	0.79	1.39	–1.95	1.19	0.44
绿色	1.01	0.94	1.03	0.79	0.98	0.85	0.89	–1.90	0.95	0.52
蓝色	1.02	0.97	1.08	0.80	1.06	0.82	1.15	–2.03	1.06	0.56
黄色	1.03	0.95	1.03	0.89	1.03	0.81	1.07	–2.21	1.03	0.53

图 3-9 所示为色觉正常者、红色盲、绿色盲和绿色弱匹配的 S 锥体刺激量与 von Kries 模型预测值的比较，对应的拟合线的斜率 k 和判定系数 R^2 如表 3-6 所示。从表 3-6 中的 R^2 值可看出，色觉正常者和色觉异常者匹配的 S 锥体刺激量均符合 von Kries 模型。从图 3-9 中可注意到，黑色线和对角线几乎重合，即 D65 光源下的 S 锥体刺激量和 von Kries 模型的预测值几乎相同，这主要是由于红绿色光源几乎不引起 S 锥体刺激量的变化。图 3-9 中，色觉正常者在红绿色光源下的匹配 S 锥体刺激量与模型预测值和 D65 光源下的值相比较均表现出了一定的偏差，尤其是在 5P5/6、7.5PB5/6 和 10B5/6 三个色块上，这个结果与 Bäuml(1999)、Kulikowski 等(2012)、Kuriki 等(1996)、Nieves 等(2000)以及 Troost 等(1992)发现的结果一致。导致这个结果的可能原因是：① S 锥体的辨别阈值随着 S 锥体刺激量的增大而增大(注：S 锥体的辨别阈值由 Romero 等(1993)发现)；② 色觉正常者偏向于用红绿颜色来

实现颜色恒常性，可能会失去一定程度的 S 锥体敏感性。图 3-9 中还显示观察者在蓝色光源下匹配的 S 锥体刺激量接近于模型预测值，而在黄色光源下接近于 D65 光源下的值，这主要是由于蓝色光源产生 S 锥体刺激量，而黄色光源的 S 锥体刺激量较小。

S 值的比较

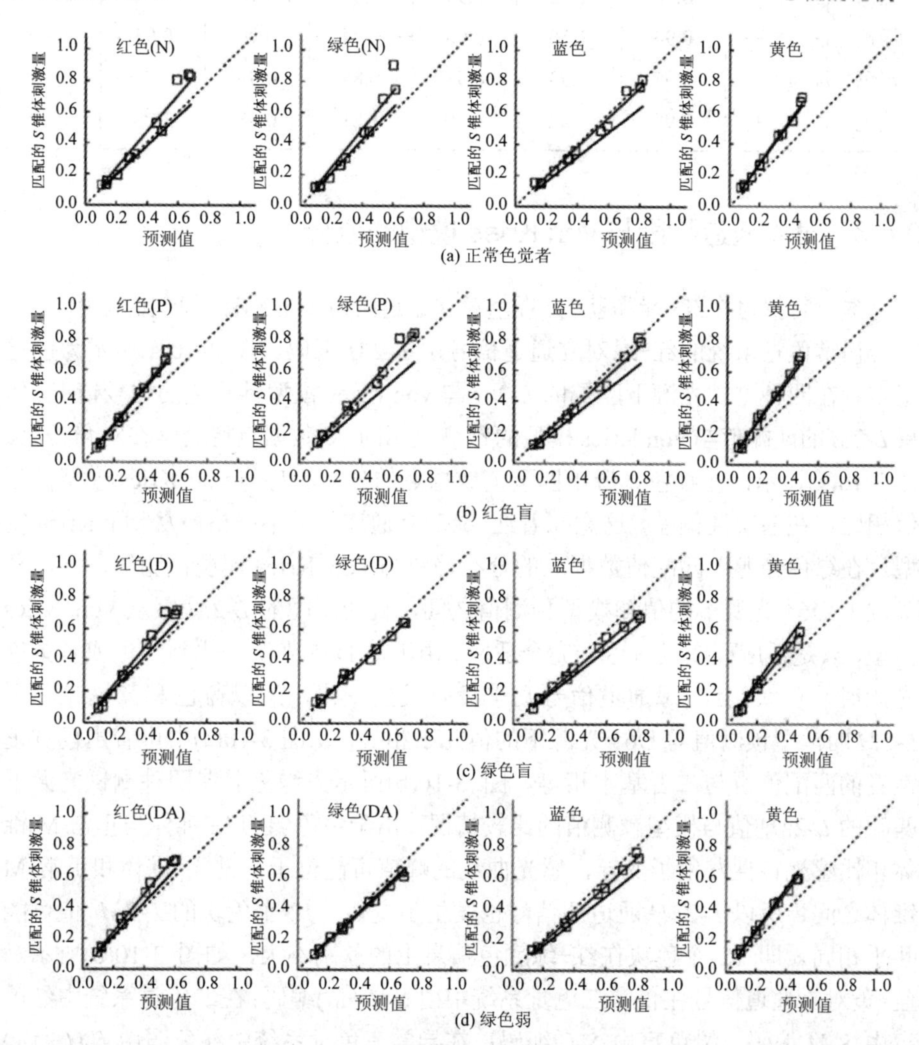

图 3-9　四种测试光源下色觉正常者和色觉异常者匹配得到的 S 锥体刺激量与 von Kries 模型预测值之间的比较

说明：图 3-9 中符号和线条表示的意思与图 3-8 中相同。

表 3-6 图 3-9 中的拟合线的斜率 k 和对应的判定系数 R^2

光源	S(N)		S(P)		S(D)		S(DA)	
	k	R^2	k	R^2	k	R^2	k	R^2
红色	1.18	0.96	1.25	0.99	1.22	0.98	1.21	0.99
绿色	1.23	0.94	1.10	0.98	0.94	0.99	0.91	0.99
蓝色	1.03	0.95	0.93	0.98	0.88	0.99	0.91	0.99
黄色	1.39	0.99	1.42	0.99	1.21	0.98	1.28	0.99

3.4.3 对立通道阶段与 von Kries 模型的拟合

本节将探讨在红-绿和蓝-黄彩色对立通道阶段 von Kries 模型的应用。

正常色觉系统的红-绿对立通道信号由 L-2M 编码。图 3-10(a)所示为色觉正常者在四种测试光源下匹配的 L-2M 与 von Kries 模型预测值的比较情况。如果 L-2M 的匹配值与 von Kries 模型的预测值相同，则数据点将会落在对角线上。图 3-10(a)显示，在红色光源下匹配值数据点的分布趋势与 von Kries 模型预测值相比存在系统性偏差，这意味着红-绿对立通道信号不严格服从 von Kries 模型。在绿色光源下匹配值数据点的分布趋势与 von Kries 模型预测值一致，且值位于 D65 光源下的值和模型预测值之间，说明匹配的 L-2M 服从 von Kries 模型，只是适应程度没有达到完全适应。由于从 D65 光源变化到蓝色或者黄色光源时，色块的红-绿通道信号几乎没有发生变化，所以蓝色和黄色光源下 L-2M 的模型预测值与 D65 光源下的值几乎相等，从图 3-10(a)中可看出色觉正常者的匹配值也与二者基本相等。图 3-10(b)所示为绿色弱在四种测试光源下匹配的 L-2M' 值与模型预测值的比较情况。由于绿色弱的 M'锥体与正常 M 锥体相比感光特性发生了变异，感光曲线的峰值可能位于正常 L 锥体和正常 M 锥体之间，所以 L-2M' 通道的信号也发生了变化，12 个色块的 L-2M' 值可能几乎相同，即 12 个色块在红-绿颜色信息上的差别不大，如图 3-10(b)所示。蓝-黄对立通道信号在正常三色觉系统中由 S-(L+M)编码；在二色觉系统中红色盲由 S-M 编码，绿色盲由 S-L 编码；在异常三色觉系统中绿色弱由 S-(L+M')编码。此处，引入 $T_{\text{blue-yellow}}$ 来表示蓝-黄对立通道信号，各色觉类型观察者的蓝-黄对立通道信号由式(3-9)计算获得。

$$
\begin{cases}
T_{\text{blue-yellow}} = S - u_{\text{n}}(L+M) & (\text{色觉正常者}) \quad (3\text{-}9(\text{a})) \\
T_{\text{blue-yellow}} = S - u_{\text{p}}M & (\text{红色盲}) \quad (3\text{-}9(\text{a})) \\
T_{\text{blue-yellow}} = S - u_{\text{d}}L & (\text{绿色盲}) \quad (3\text{-}9(\text{a})) \\
T_{\text{blue-yellow}} = S - u_{\text{da}}(L+M) & (\text{绿色弱}) \\
T_{\text{blue-yellow}} = S - u_{\text{da}'}(L+M') & (\text{绿色弱}) \quad (3\text{-}9(\text{a}))
\end{cases}
$$

其中，u_{n}、u_{p}、u_{d}、u_{da}和 $u_{\text{da}'}$为平衡系数，其作用是平衡 $L+M$ 信号和 S 信号对蓝-黄通道信号的影响，使得 D65 光源照射下非彩色色块 N5/的蓝-黄通道信号为 0。平衡系数 u_{n}、u_{p}、u_{d}、u_{da}和 $u_{\text{da}'}$的值分别为 0.0175、0.0507、0.0267、0.0175 和 0.0153。

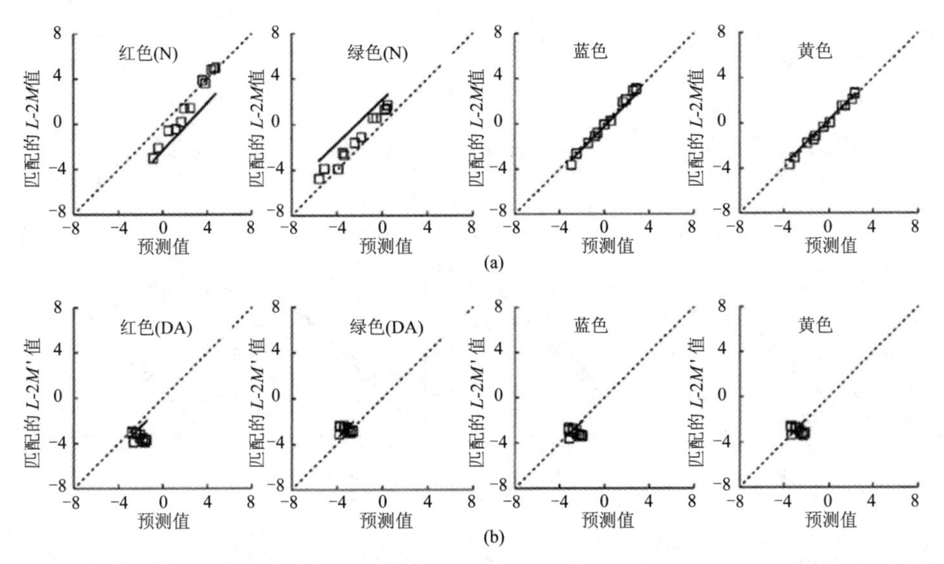

图 3-10　色觉正常者和绿色弱观察者在四种测试光源下匹配的 L-2M 和 L-2M' 值与 von Kries 模型预测值的比较

图 3-11 所示为色觉正常者、红色盲、绿色盲和绿色弱在四种测试光源下匹配的蓝-黄通道信号与 von Kries 模型预测值的比较。从 D65 光源变化到红绿色光源时，色块的蓝-黄对立通道信号几乎没有发生变化。色觉正常者匹配的 $T_{\text{blue-yellow}}$ 在色块 5P5/6、7.5PB5/6 和 10B5/6 上表现出一定的偏差，色觉异常者匹配的值基本与 D65 光源下的值和模型预测值相等，对应的数据点位于对角线上。蓝黄色光源下，色觉正常者和色觉异常者匹配的 $T_{\text{blue-yellow}}$ 均符合 von Kries 模型。

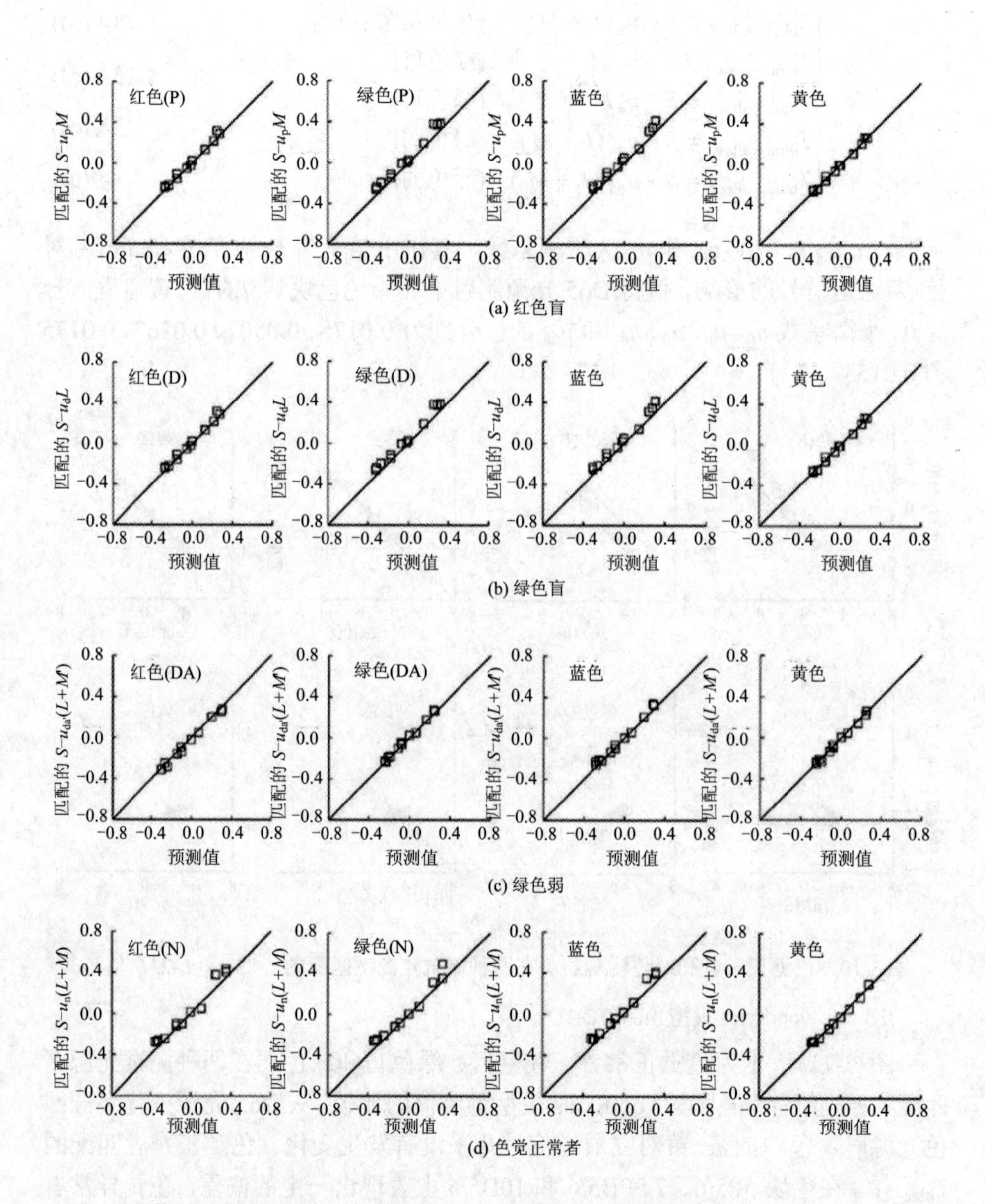

图 3-11　色觉正常者和色觉异常者在红、绿、蓝和黄色四种测试光源(从左到右)下匹配的蓝-黄通道信号与 von Kries 模型预测值的比较

3.5　关于色觉异常者的若干问题的讨论

在本实验中，红绿色光源和蓝黄色光源的设计具有特殊性，即与 D65 光源相比，红绿色光源只有 *L* 锥体或 *M* 锥体刺激量的改变，蓝黄色光源只有 *S* 锥体刺激量的改变。结果导致红绿色光源改变的主要是红-绿通道信号，蓝黄色光源改变的主要是蓝-黄通道信号。从 D65 光源变化到红绿(蓝黄)色光源时，蓝-黄(红-绿)通道信号几乎不发生变化，所以观察者在蓝-黄通道(红绿色光源下)和红-绿通道(蓝黄色光源下)主要做的是“完全”匹配，不是颜色恒常性匹配。红绿色光源下的颜色恒常性机制主要通过观察红-绿通道信号来确定，而蓝黄色光源下的颜色恒常性机制则主要通过观察蓝-黄通道信号来确定。

实验结果显示，在红色光源下色觉正常者和色觉异常者匹配的 *L* 锥体刺激量较 von Kries 模型预测值出现系统性偏差，在绿色光源下观察者匹配的 *M* 锥体刺激量符合 von Kries 模型；在红色光源下色觉正常者匹配的红-绿通道信号值较 von Kries 模型预测趋势出现系统性偏差，在绿色光源下则符合 von Kries 模型；二色觉者和两个绿色弱观察者由于 L 锥体或 M 锥体的缺失和变异导致红-绿色对立通道信号缺失和减弱，红绿色光源并不会引起色块明显的颜色变化，而主要引起亮度的变化。实验结果还显示，在红绿色光源下色觉异常者匹配的 *L* 和 *M* 锥体刺激量与色觉正常者的匹配相似，说明色觉异常者的 L 或 M 锥体适应可能主要导致亮度恒常性；在蓝黄色光源下，色觉异常者匹配的 *S* 锥体刺激量符合 von Kries 模型，但是较强的 S 锥体适应只在蓝色光源下观察到了，说明 S 锥体适应在能产生强烈 *S* 锥体刺激量的光源下的颜色恒常性中起了一定的作用。

3.5.1　颜色恒常性中的蓝-黄通道机制

人们在实际生活中主要经历的是日光光源的变化，日光光源的变化主要引起 *S* 锥体刺激量以及蓝-黄通道信号的变化，因此人类色觉系统可能进化出了更加敏感的蓝-黄色觉系统。另外，考虑到红绿色觉异常者的红-绿色编码通道已损坏或者完全失去，他们的蓝-黄通道也应该非常敏感。因此，在实验前预计色觉正常者和色觉异常者均采用视觉系统高层参与的光源评估策略过滤蓝黄色光源，而不是简单的 von Kries 模型适应。

在本实验中，从 D65 光源到红绿色光源的变化没有引起色块的蓝-黄通道信号的改变，结果显示色觉正常者和色觉异常者在蓝-黄通道上均进行“完全”匹配，即匹配的蓝-黄通道信号值和 D65 光源下的值相等。从 D65 光源到蓝黄色光源的变化引起了色块的蓝-黄通道信号的较大改变，色觉正常者和色觉异常者可以很轻易地识别到光源颜色的改变，但是实验结果显示在蓝黄色光源下匹配的蓝-黄通道信号服从 von Kries 模型，这个结果与实验前的假设不同。

3.5.2 红绿色弱者的异常锥体

本实验中的两个绿色弱属于异常三色觉者，虽然拥有三种感光锥体，但 M 锥体的感光特性相比色觉正常者的 M 锥体发生了变异(De Marco et al.，1992)。为了估计两个绿色弱的 M'锥体的感光特性，他们另外参加了 D65-D65 的颜色匹配实验。在 D65-D65 实验中，左、右两个场景均模拟 D65 光源照射，观察者的任务就是参考其中一个模拟场景中心色块的颜色，通过控制蓝-黄颜色变化和亮度变化调整另一个场景中心色块的颜色，使得两个色块的色度完全相同(与颜色恒常性任务中的“纸”匹配不同)。图 3-12(a)和(b)中纵坐标表示绿色弱匹配的 12 个色块的 M 锥体刺激量，横坐标分别表示 12 个参考色块的 M 锥体刺激量和 L 锥体刺激量。此处，从 X、Y、Z 三刺激量到 L 和 M 锥体刺激量的计算采用的是 Smith 和 Porkoney(1975)定义的转化矩阵。如果观察者的 M 锥体感光特性与色觉正常者的 M 锥体一样，则 12 个色块上的匹配 M 锥体刺激量将与参考 M 锥体刺激量相等，数据点落在对角线上。如果观察者的 M 锥体感光特性接近于色觉正常者的 L 锥体(M. Neitz，J. Neitz，2003)，则 12 个色块上的匹配 M 锥体刺激量与参考 L 锥体刺激量相等，在图(b)中数据点落在对角线上。图 3-12(a)和(b)显示，两个绿色弱观察者的匹配 M 值更接近于色觉正常者的 L 锥体刺激量，说明 M 锥体的感光特性发生变异后，接近于色觉正常者的 L 锥体的感光特性。这个结果与 CCT 测试结果一致：两个绿色弱观察者的色辨别椭圆与绿色盲的高度相似。图 3-12(c)中，横坐标表示参考色块由 De Marco 等(1992)定义的标准绿色弱对应的转换矩阵计算得到的 M' 锥体刺激量，纵坐标表示绿色弱匹配到的由 De Marco 等(1992)矩阵计算得到的 M'锥体刺激量，如果两个值相等，则说明本实验中的两个绿色弱观察者的 M 锥体的感光特性与 De Marco 等(1992)定义的标准绿色弱的 M 锥体的感光特性一致。图 3-12(c)显示，数据点出现系统性偏差，说明两个绿色弱观察者与 De Marco 等(1992)定义的标准绿色弱存在差异。

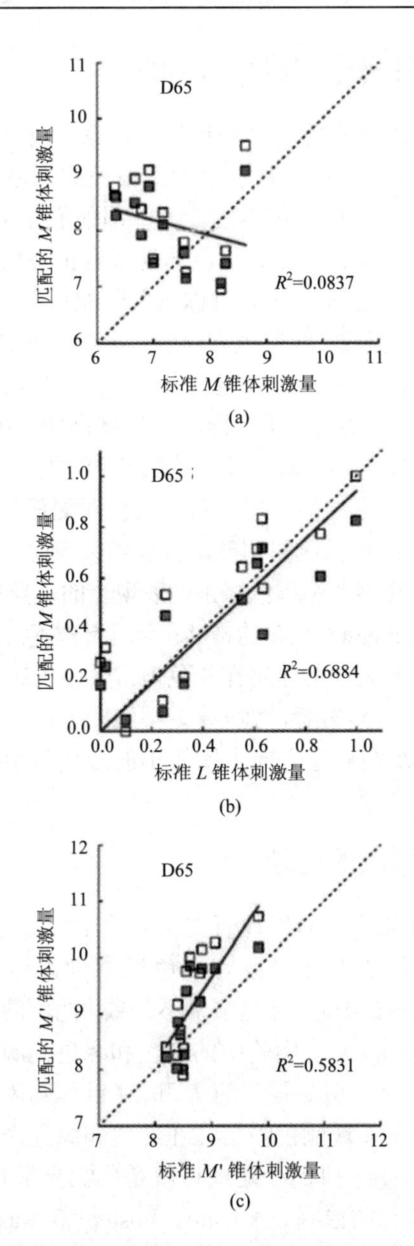

图 3-12　两个绿色弱观察者在 D65 光源下匹配得到的 *M* 锥体刺激量与色觉正常者的 *M* 锥体刺激量和 *L* 锥体刺激量的比较，以及匹配得到的 *M'* 锥体刺激量与标准绿色弱的 *M'* 锥体刺激量的比较

3.5.3 “纸”匹配任务中调整线的影响

值得注意的是，在本次实验中色弱观察者也像二色觉者一样在调整测试色块颜色时只调整了蓝-黄色。两个被色盲检查镜检测为绿色弱的观察者在 CCT 测试中表现出和绿色盲一样的颜色辨别能力，即他们在 CCT 测验中的椭圆的长轴延伸到色域的外面。在实验中，绿色弱观察者也被要求像色觉正常者一样同时调整红-绿和蓝-黄颜色去完成非对称颜色匹配任务，结果发现他们的匹配结果是异常的，数据点沿着红-绿颜色方向随机分布。通过比较绿色弱观察者使用和不使用 CRS 响应盒上的红-绿按钮获得的数据发现，两种情况下的 L 和 S 锥体刺激量以及 $S-u(L+M)$值几乎一样，只有 M 锥体刺激量明显不同。与之对比的是参与实验的另一个红色弱观察者，他在 CCT 测验中表现出的颜色辨别能力位于色觉正常者和红色盲之间。在非对称颜色匹配任务中，他自己反馈需要使用红-绿按钮来控制红-绿颜色的调整，实验结果表明他的颜色恒常性与色觉正常者的一样好。色弱观察者在颜色恒常性表现上的差异进一步证明了 Baraas、Foster、Amano 和 Nascimento(2010)的推断：除了锥体色素的数量外，锥体色素的感光位置或者锥体信号之间的作用在颜色恒常性中也起着重要的作用。

总的来说，对于色觉异常者，蓝-黄调整线的方向对实验的结果几乎没有影响，因为蓝-黄调整线在任意方向上比较小的改变所引起的可能的红色和绿色的变化几乎不能被察觉到。

3.5.4 与以往研究结果的比较

以下是关于本次实验结果与以往研究结果的比较情况。在本次实验中，在红色和绿色光源下二色觉者几乎没有颜色恒常性。这个结果与 Rüttiger、Mayser、Sérey 和 Sharpe(2001)的研究结果不一致，他们的研究显示二色觉者具有相当程度的颜色恒常性。本次实验中的红色和绿色光源接近二色觉者的混淆线，几乎不引起颜色变化，但是强烈的 L 和 M 锥体刺激量的变化会引起亮度的变化。色觉异常者为了实现颜色恒常性在红色和绿色光源下做的调整主要是通过红-绿色控制完成亮度的调整。这或许就是色觉异常者的匹配色度值在红-绿色方向上具有较大差异的原因。Amano、Foster 和 Nascimento(2003)采用让红绿色觉异常者区分光源变化和物体表面光谱反射率的变化的方法研究其颜色恒常性，结果发现代表观察者给出的光源变化响应的等高线向红-绿方向延伸。此外，以往的研究还发现二色觉者在日光光源变化下表现出了较好的颜色恒常性(Rüttiger et al.，2001；Baraas et al.，2010)，尤其是在反射表面具有自然表面反射率时(Baraas et al.，2004)。在本次实验中 *S* 锥体刺激量的蓝色和黄色光源下的颜色恒常性不像以上研究中的那么好，这说明二色觉者在日常生活中经常经历的自然反射率和日光光源下的颜色恒常性比在 Mondrian 类型的模拟场景和不熟悉的光源下的颜色恒常性要好。

参考文献

白小双，华一新，崔虎平，2009. 面向色觉异常者的电子地图研究与实践. 测绘通报，(02): 39-42.

鲍吉斌，2009. 基于图像颜色变换的色盲矫正方法研究. 上海：复旦大学.

曹瑞丹，2009. 应用 Chromatest 计算机检查法及视觉电生理检查法评价色觉. 西安：第四军医大学.

范腾飞，2014. 面向色觉异常人群的交通信号识别解决方案研究. 成都：西南交通大学.

范腾飞，蒋阳升，范文博， 2013. 面向色觉异常人群的机动车信号灯设计研究. 交通运输工程与信息学报，(02): 82-87.

吴丽思，2014. 色盲图像矫正算法研究及测试系统设计. 武汉：武汉理工大学.

AMANO K, FOSTER D H, NASCIMENTO S M C，2003. Red-green colour deficiency and colour constancy under orthogonal-daylight changes. Normal and Defective Colour Vision. MOLLON J D, POKORNY J, KNOBLAUCH K, ed. Oxford: Oxford University Press: 225-230.

AREND L, REEVES A, 1986. Simultaneous color constancy. Journal of the Optical Society of America A, 3(10): 1743-1751.

AREND L E, REEVES A, SCHIRILLO J, et al, 1991. Simultaneous color constancy: papers with diverse munsell values. Journal of the Optical Society of America A, 8(4): 661-672.

BARAAS R C, FOSTER D H, AMANO K, et al, 2014. Protanopic observers show nearly normal color constancy with natural reflectance spectra. Visual Neuroscience, 21(3): 347-351.

BARAAS R C, FOSTER D H, AMANO K, et al, 2010. Color constancy of red-green dichromats and anomalous trichromats. Investigative Ophthalmology & Visual Science, 51(4): 2286-2293.

BÄUML K H, 1999. Color constancy: the role of image surfaces in illumination adjustment. Journal of the Optical Society of America A, 16(7): 1521-1530.

DE MARCO P, POKORNY J, SMITH V C, 1992. Full-spectrum cone sensitivity functions for X-chromosome-linked anomalous trichromats. Journal of the Optical Society of America A, 9(9): 1465-1476.

JUDD D B, MACADAM D L, WYSZECKI G, et al，1964. Spectral distribution of typical daylight as a function of correlated color temperature. Journal of the Optical Society of America, 54(8): 1031-1040.

KULIKOWSKI J J, DAUGIRDIENE A, PANORGIAS A, et al, 2012. Systematic violations of von Kries rule reveal its limitations for explaining color and lightness constancy. Journal of the Optical Society of America A, 29(2): A275-A289.

KURIKI I, UCHIKAWA K, 1996. Limitations of surface-color and apparent-color constancy. Journal of the Optical Society of America A, 13(8): 1622-1636.

MORLAND A, MACDONALD J, MIDDLETON K, 1997. Color constancy in acquired and congenital color vision deficiencies. John Dalton’s Colour Vision Legacy: Selected Proceedings of the International Conference. Taylor & Francis, 463-468.

MOVSHON J A, LENNIE P, 1979. Pattern-selective adaptation in visual cortical neurons. Nature, 278: 850-852.

Munsell Color Corporation, 1976. Munsell Book of Color: Matte Finish Collection. Baltimore: Munsell Color Corp.

NEITZ M, NEITZ J, 2003. Molecular genetics of human color vision and color vision defects. The Visual Neurosciences. CHALUPA. L M, WERNER J S, ed. Cambridge, MA: MIT Press: 974-988.

NIEVES J L, GARCÍA-BELTRÁN A, Romero J, 2000. Response of the human visual system to variable illuminant conditions: An analysis of opponent-colour mechanisms in colour constancy. Ophthal. Physiol. Opt., 20(1): 44-58.

PARKKINEN J P S, HALLIKAINEN J, JAASKELAINEN T, 1989. Characteristic spectra of Munsell colors. Journal of the Optical Society of America A, 6(2): 318-322.

REGAN B C, REFFIN J P, MOLLON J D, 1994. Luminance noise and the rapid determination of discrimination ellipses in colour deficiency. Vision Research, 34(10): 1279-1299.

ROMERO J, GARCÍA J A, DEL BARCO L J, et al, 1993. Evaluation of color-discrimination ellipsoids in two-color spaces. Journal of the Optical Society of America A, 10(5): 827-837.

RÜTTIGER L, MAYSER H, SÉREY L, et al, 2001. The color constancy of the red-green color blind. Color Research and Application, 26(S1): S209-S213.

SMITH V C, POKORNY J, 1975. Spectral sensitivity of the foveal cone photopigments between 400 and 500 nm. Vision Research, 15(2): 161-171.

TROOST J M, LI W, DE WEERT C M M, 1992. Binocular Measurements of chromatic adaptation. Vision Research, 32(10): 1987-1997.

VON KRIES J, 1970. Chromatic adaptation. Sources of Color Science, MACADAM D L, ed. Cambridge, MA: MIT Press, 145-148.

WYSZECKI G, STILES W S, 1982. Color Science: Concepts and Methods, Quantitative Data and Formulae. Hoboken: John Wiley and Sons.

第4章　色觉正常者的颜色恒常性

4.1　引　言

视网膜锥体适应和视觉系统高层参与的光源估计被认为是导致颜色恒常性的两种主要机制。当一个光源主要辐射长波长段的光时，场景中所有物体的表面会反射长波长段的光到眼睛里，观察者的L锥体敏感性会降低，从而达到色恒常，这就是锥体适应性机制。von Kries模型(von Kries，1970)是一种严格的锥体适应模型，该模型假设三种锥体细胞的光敏感性可分别独立地和线性地发生一个常量的改变。von Kries模型能很好地描述色恒常任务中观察者的数据(Brainard et al.，1992；Chichilnisky et al.，1995；Bäuml，1999a；Bäuml，1999b)，锥体长时间和大视野范围内对光源的适应可以帮助获得几乎全部的颜色恒常性(Kuriki et al.，1996；Murray et al.，2006)。其中，L和M锥体的适应被认为用来达到恒常性，而S锥体受光源改变的影响较大(Nieveset et al.，2000)。一般认为von Kries模型适应主要发生在锥体阶段，一些科学家认为可能还发生在视觉系统的更高层(Grill-Spector et al.，2001；Goddard et al.，2010)。

后来的研究发现，简单的von Kries模型适应不能用来解释色恒常和亮度恒常现象(Brainard et al.，1992；Kraft et al.，1999)，视网膜以外的视觉系统高层参与的光源估计也参与了色恒常的调制过程(Smithson et al.，2004；Yang et al.，2001)。有研究者发现，对光源颜色有意识的识别(Granzier et al.，2009)和对光源本身的参考(Amano et al.，2006)对颜色恒常性没有直接的影响。因此，光源估计可能发生在无意识层。

Brainard、Brunt和Speigle(1997)发现，当光源沿着普朗克轨迹发生变化时，观察者的颜色恒常性匹配结果与对角线模型和等价光源模型(Brainard，1998)预测的结果均拟合。对角线模型与von Kries模型一致，也是假设三种锥体的光敏感性可分别独立地和线性地发生一个常量的变化。等价光源模型假设视觉系统可以估计光源，与颜色恒常性的计算模型有关。Hansen、Walter和Gegenfurtner(2007)试图探索日光光源和非日光光源下颜色恒常性机制之间是否存在差异，因为与日光光源不同，我们在日常生活中对非日光光源经历比较少。研究结果表明，两种光源条件下的颜色恒常性之间并没有表现出不同。

本章主要研究红色和绿色光源下观察者的颜色恒常性匹配结果与 von Kries 模型和由光源辐射光谱和色块的反射率定义的光源估计模型的拟合情况。

4.2　光源色度设计

实验装置和实验过程与第 3 章中完全一致。观察者为五个色觉正常者(三名女性和两名男性)。刺激物设计基本与第 3 章一致，只是除了采用第 3 章中的红、绿、蓝和黄色测试光源外，本实验中还采用了另外的红色和绿色光源。红色和绿色光源的色度值通过沿着标准红色盲混淆线($x_p = 0.7465$，$y_p = 0.2535$)增加(红色光源)或减少(绿色光源)D65 光源 5%的 L 锥体刺激量获得。表 4-1 中列出了 D65 光源和所有测试光源的 CIE1976 $u'v'$ 色度值和 L、M、S 锥体刺激量。图 4-1 所示为所有光源在 CIE1976 $u'v'$ 色度图中的位置。

表 4-1　所有光源的 CIE1976 $u'v'$色度值和 L、M、S 锥体刺激量

光源	u'	v'	L	M	S
D65	0.198	0.468	16.4	8.63	0.438
红色(P)	0.239	0.471	17.2	7.81	0.396
红色(D)	0.242	0.459	17.2	7.77	0.461
绿色(P)	0.157	0.465	15.6	9.45	0.480
绿色(D)	0.152	0.479	15.5	9.49	0.415
蓝色	0.206	0.446	16.5	8.53	0.552
黄色	0.189	0.493	16.3	8.73	0.324

说明：(D)表示光源是标准绿色盲混淆线上获得的，(P)表示光源是标准红色盲混淆线上获得的。

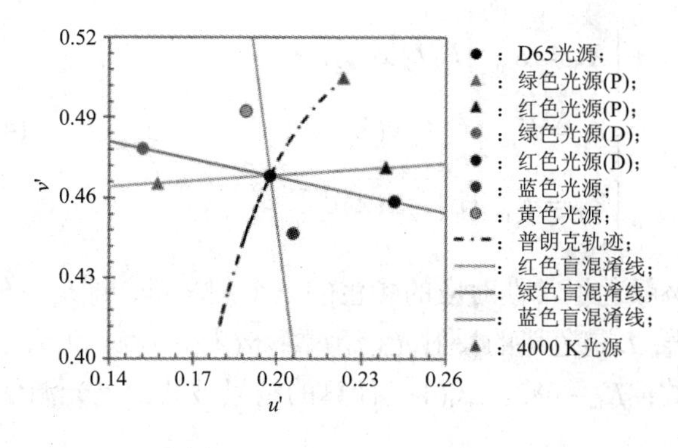

图 4-1　所有光源在 CIE1976 $u'v'$色度图中的位置

所有光源的色度值

4.3 von Kries 模型和光源评估模型

在非对称同时匹配实验中，标准场景和测试场景被并排地呈现给观察者，观察者在测试光源下调整测试色块的颜色使得测试色块与标准光源(此处为 D65 光源)下的标准色块“像从同一张纸上剪下来的”。如果不存在颜色恒常性，则观察者匹配得到的色度与 D65 光源下标准色块的色度重合，即观察者做的是色度匹配。如果存在颜色恒常性，则匹配得到的色度应该偏离 D65 光源下色块的色度而向测试光源方向偏移。因为一个颜色恒常性系统应该满足两点，即首先同一个色块的色度在 D65 光源和测试光源下发生了变化，其次同一个色块的颜色在 D65 光源和测试光源下应该看起来一致，所以颜色恒常性就是同一个色块在不同光源下的色度值不同，但人的视觉系统可以过滤掉光源的影响而感知到在光源发生变化时色块本身的颜色没有发生变化。视觉系统高层参与的光源颜色估计和视网膜层锥体适应被认为是视觉系统采取的过滤光源的两个策略。当光源估计和锥体适应达到 100%时，观察者匹配的色度点与光源估计模型和锥体适应模型预测的理论色度点重合。

von Kries 模型已被发现在大多数情况下都可以很好地描述颜色恒常性任务中观察者的匹配结果。von Kries 模型预测 L、M 和 S 值的计算过程与 3.4.2 节介绍的一致。

在非对称颜色匹配实验中，完全(100%)颜色恒常性对应的色度由测试光源的辐射光谱、色块本身的反射率和标准观察者色匹配函数的乘积来定义，即

$$\begin{cases} X_{\mathrm{T}} = K_{\mathrm{m}} \int L_{\lambda} I_{\lambda} \bar{x}(\lambda) \mathrm{d}\lambda \\ Y_{\mathrm{T}} = K_{\mathrm{m}} \int L_{\lambda} I_{\lambda} \bar{y}(\lambda) \mathrm{d}\lambda \\ Z_{\mathrm{T}} = K_{\mathrm{m}} \int L_{\lambda} I_{\lambda} \bar{z}(\lambda) \mathrm{d}\lambda \end{cases} \tag{4-1}$$

其中，X_{T}、Y_{T} 和 Z_{T} 是 100%颜色恒常性对应的颜色的三个刺激量，即理论值；L_{λ} 表示测试光源的辐射光谱；I_{λ} 是色块的反射光谱函数；$\bar{x}(\lambda)$、$\bar{y}(\lambda)$ 和 $\bar{z}(\lambda)$ 是 CIE1931 标准颜色匹配函数；$K_{\mathrm{m}}= 683$。式(4-1)计算的结果被认为是光源估计模型的预测值。

传统上，在非对称颜色匹配实验中，观察者在测试光源(彩色光源)下调整测试色块的颜色以“纸”匹配标准光源(参考白光)下标准色块的颜色，观察者将调整后获得的匹配色度点与 von Kries 模型预测的理论色度点进行比较以证实 von Kries 模型在预测实验结果时是否有效，或者与光源辐射光谱、色卡反射率和颜色匹配函数的乘积(光源估计模型)进行比较以获得一个度量颜色恒常性程度的颜色恒常性指数。

本实验通过比较观察者匹配的色度偏移量和两个模型预测的色度偏移量来判断观察者的匹配结果符合哪个模型。匹配的色度偏移量定义为观察者匹配的 $u'v'$色度点和 D65 光源下色块的 $u'v'$ 色度点之间的欧氏距离。两个模型预测的色度偏移量定义为两个模型预测的理论 $u'v'$ 色度点和 D65 光源下色块的 $u'v'$ 色度点之间的欧氏距离。在 CIE1976 $u'v'$ 色度图中，两个色度点之间的欧氏距离代表这两个色度点所表示的两个颜色之间的色差。如果没有颜色恒常性，则观察者的匹配色度值与标准色块的色度值(即标准色度值)完全重合，对应的匹配色度偏移量为0。如果锥体完全适应了光源，则匹配色度偏移量将和 von Kries 模型预测的理论色度偏移量重合。如果视觉系统可以从视网膜图像中完全地区分出光源成分，则匹配色度偏移量将和光源评估模型预测的理论色度偏移量重合。

在将观察者的匹配结果与两个模型的预测值比较之前，应先给出各种测试光源下两个模型预测值的比较结果。在本实验中，总共 11 个彩色色块被用来进行非对称同时匹配任务，这 11 个色块的明度值和彩度值分别为 5/和 /6，色调均匀分布在 Munsell 色环上。图 4-2 所示为 11 个色卡在本实验中的红、绿、蓝和黄色光源，以及另外两个色温为 4000 K 和 25 000 K 的日光光源下的相关数据。从图 4-2 中可看出，von Kries 模型和光源估计模型预测的理论色度偏移量在红色和绿色光源下完全不同，而在蓝色和黄色光源以及两个日光光源下基本相同。

在实际中，颜色恒常性往往并不能达到 100%，只能达到部分。根据颜色恒常性的综述文章(Foster，2011)，非对称颜色匹配实验能达到的颜色恒常性平均为 60%左右，这意味着观察者匹配的色度值不会与两种模型预测的理论色度值完全相同。预计 11 个色块上的匹配色度偏移量的总体趋势可反映出哪种模型可更好地解释匹配结果：如果总体趋势与 von Kries 模型预测的理论色度偏移量的趋势一致，则说明观察者的匹配结果由 von Kries 模型定义的锥体适应性导致；如果与光源估计模型预测的理论色度偏移量的趋势一致，则说明观察者的匹配结果主要由光源估计策略导致。

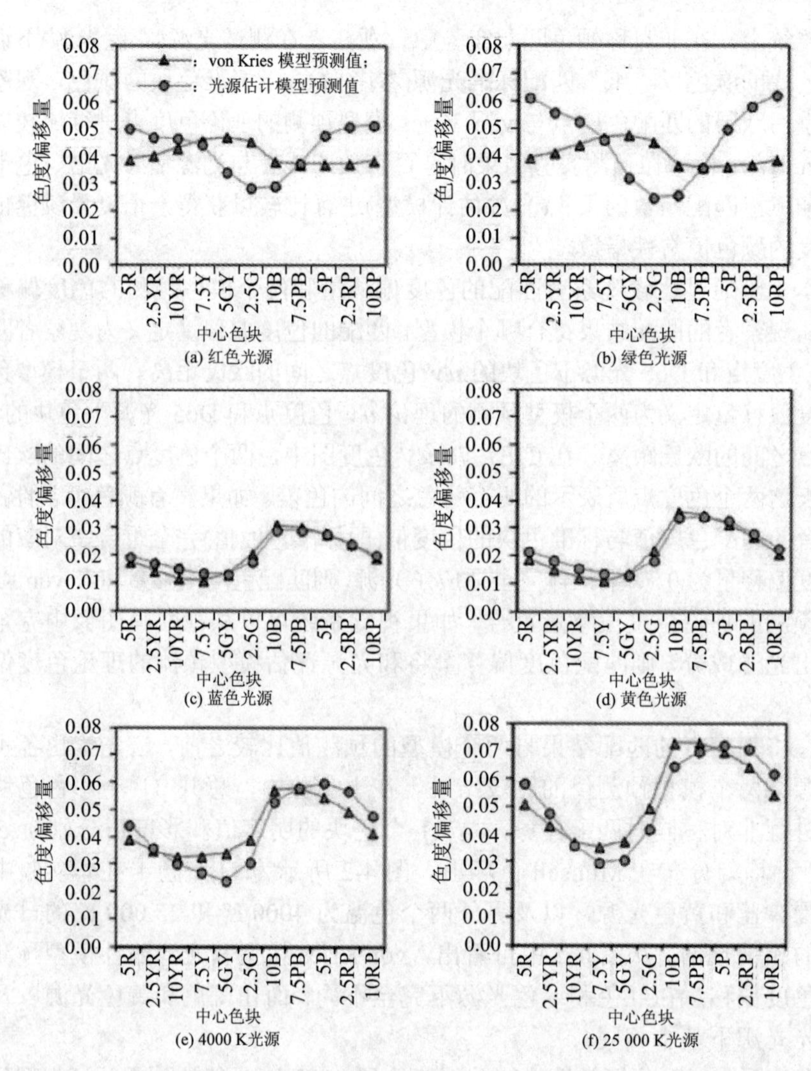

图 4-2　在各种测试光源下 von Kries 模型和光源估计模型预测的 11 个 Munsell 色卡上的理论色度偏移量的比较

4.4　颜色匹配结果与模型预测值的比较

由图 4-2 可知，红色和绿色光源下，von Kries 模型和光源估计模型预测的理论色度偏移量并不相同。因此，本节将首先从色度偏移量的角度分析颜色匹配结果符合哪个模型，又由于 von Kries 模型是彩色适应模型，因此本节还将从锥体和对立通道值的角度分析颜色匹配结果与模型预测值的比较情况。

4.4.1　色度偏移量的比较

图 4-3 所示为沿着红色盲混淆线得到的红色(图(a))和绿色(图(b))光源下 12 个色块上的匹配色度偏移量(如方块所示)。匹配色度偏移量为 5 个观察者的平均值，误差线表示均值的标准误差(SEM)。图 4-3(a)中黄色实线表示光源估计模型预测的理论色度偏移量，图(b)中蓝色实线表示 von Kries 模型预测的理论色度偏移量。图 4-3 中，虚线从上到下分别表示对应模型预测的理论色度偏移量的 80%、60%、40%和 20%。红色实线是在理论色度偏移量上乘以一个常数，使它与匹配色度偏移量的误差平方和最小，从而得到的拟合线。图 4-3 显示在红色光源下匹配色度偏移量在 12 个色块上的总体趋势与光源估计模型预测的理论色度偏移量的总体趋势一致，在绿色光源下与 von Kries 模型预测的理论色度偏移量的总体趋势一致。

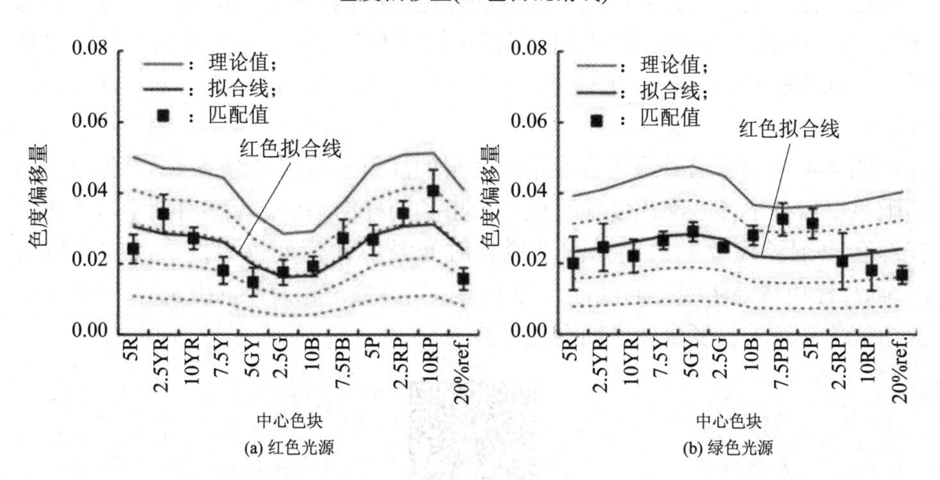

图 4-3　沿着红色盲混淆线得到的红色和绿色光源下 12 个色块上的匹配色度偏移量

每种光源下匹配色度偏移量与两个模型预测的理论色度偏移量的拟合情

况可通过四个参数来描述，分别为 k_v、e_v、k_r 和 e_r。其中，k_v 为拟合时 von Kries 模型预测的理论色度偏移量乘以的常数，e_v 为与 von Kries 模型预测的量拟合时的拟合误差，k_r 为拟合时光源估计模型预测的理论色度偏移量乘以的常数，e_r 为与光源估计模型预测的量拟合时的拟合误差。各测试光源下的四个参数值如表 4-2 所示。

表 4-2　与两个模型拟合时乘以的常数和拟合误差

光源	k_v	$e_v(\times10^{-2})$	k_r	$e_r(\times10^{-2})$
红色(P)	0.551	0.105	**0.552**	**0.038**
红色(D)	0.644	0.147	**0.642**	**0.044**
绿色(P)	**0.560**	**0.033**	0.452	0.119
绿色(D)	**0.578**	**0.039**	0.463	0.155
蓝色	0.579	0.030	0.580	0.028
黄色	0.219	0.009	0.216	0.009

在红色光源下，匹配色度偏移量与光源估计模型预测的理论色度偏移量的拟合误差比与 von Kries 模型预测的拟合误差小得多。在绿色光源下，情况正好相反。这符合一开始从图中观察到的结果，即在红色和绿色光源下，观察者的匹配结果遵循不同的模型。红色光源下光源估计模型预测值乘以的常数值为 0.55，绿色光源下 von Kries 模型预测值乘以的常数值为 0.56，表明红色光源下匹配色度偏移量与光源估计模型预测的理论色度偏移量的 56%拟合，绿色光源下与 von Kries 模型预测的理论色度偏移量的 55%拟合，这个值与以往非对称颜色匹配实验中得到的颜色恒常性的值一致，即平均值大约为 60%(Foster，2011)。

图 4-4 显示了沿着绿色盲混淆线获得的红色和绿色光源下 12 个色块上的匹配色度偏移量。匹配色度偏移量显示出了同样的趋势。从表 4-2 中可看出，在绿色盲混淆线上的红色光源下拟合时光源估计模型预测值乘以的常数值(0.64)与红色盲混淆线上的红色光源下乘以的常数值稍有不同(0.55)，这是由于两个红色光源的色度坐标之间存在差异。

色度偏移量(绿色盲混淆线)

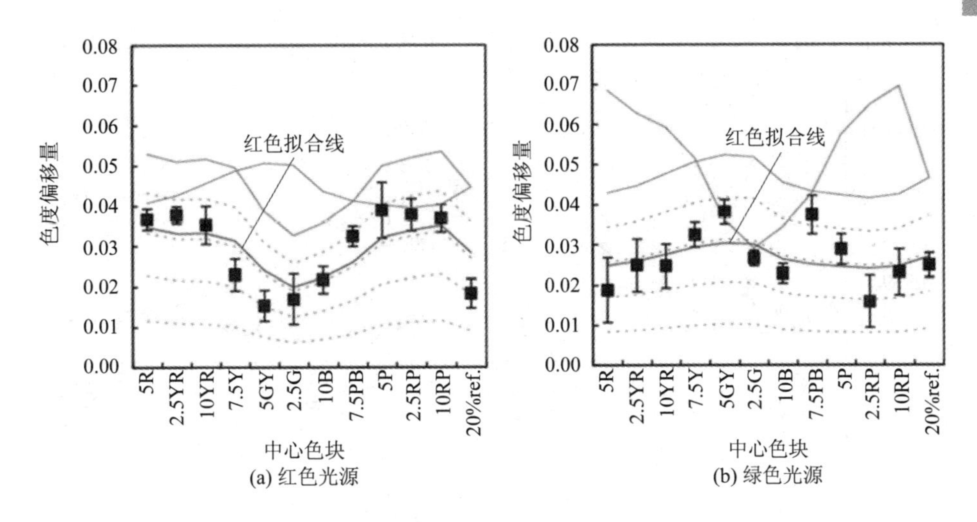

图 4-4　沿着绿色盲混淆线得到的红色和绿色光源下 12 个色块上的匹配色度偏移量

需要注意的是，在绿色光源下匹配色度偏移量在色块 10B、7.5PB 和 5P 处与 von Kries 模型拟合时表现出一定程度的偏差，这些偏差被认为是由蓝-黄对立通道信号本身存在的偏差引起的，具体将在 4.4.2 节中讨论。

图 4-5 所示为蓝色和黄色光源下观察者的匹配色度偏移量。图中所有符号表示的意思与图 4-3 中相同。由于蓝色和黄色光源主要引起 S 锥体刺激量和 $S-(L+M)$信号变化，因此图中两个模型的预测结果非常接近。由表 4-2 可看出，观察者的匹配结果与两个模型拟合时的拟合误差均较小，表明在蓝色和黄色光源下两个模型均可以很好地描述观察者的匹配结果。这也解释了为什么以往的研究(Brainard et al.，1997)发现观察者的匹配结果可被对角线模型和等价光源模型很好地预测，因为当光源沿着普朗克轨迹发生变化时，主要引起 S 锥体刺激量和 $S-(L+M)$信号的变化，与此处 D65 光源变化到蓝黄色光源的情况类似。拟合时两个模型上乘以的常数在蓝色和黄色光源之间非常不同，蓝色光源下的常数(0.58)比黄色光源下的(0.22)大很多。

蓝黄光源下色度偏移量

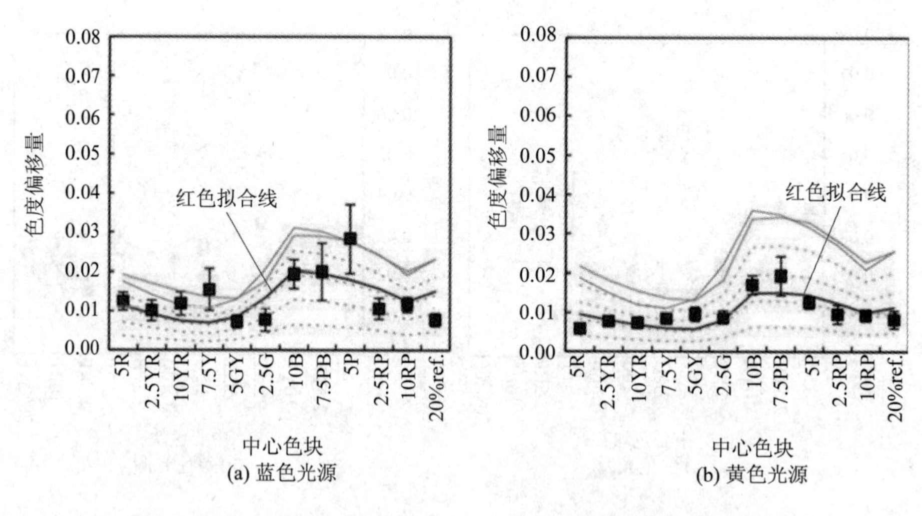

图 4-5　蓝色和黄色光源下 12 个色块上的匹配色度偏移量

尽管从拟合误差上不能区分蓝色和黄色光源下观察者的匹配结果与哪个模型拟合得更好，但是基于以下原因推测，两个模型对应的颜色恒常性机制在蓝色和黄色光源下的作用还是存在一定的差异。蓝色光源可以产生强烈的 *S* 锥体刺激量，从而导致相当程度的 S 锥体适应，说明 S 锥体适应在蓝色光源下的颜色恒常性中起着重要的作用。相反，当光源从 D65 变化为黄色光源时，*S* 锥体刺激量减小了，意味着在黄色光源下很难产生 S 锥体适应。最终，为了获得颜色恒常性，观察者向黄色光源方向调整测试色块的颜色，从而减小 *S* 锥体刺激量。同时，黄色光源的颜色与 D65 光源的颜色非常相似，观察者调整后的色块颜色与 D65 光源下的标准色块颜色接近，这导致黄色光源下颜色恒常性程度较低。

4.4.2　锥体和对立通道值的比较

在正常的三色觉系统中，颜色感知过程首先由视网膜层的三种感光细胞 L、M 和 S 锥体接收光信号，然后对立通道阶段通过比较 L 和 M 信号形成红-绿色对立通道，比较 S 信号和 $L+M$ 信号形成蓝-黄对立通道。在本节中，观察者在红色和绿色光源下的匹配结果将在 L、M 和 S 锥体阶段和彩色对立通道阶段与两种模型的预测结果进行比较。

红色和绿色光源在锥体阶段主要分别刺激 L 和 M 锥体，在彩色对立通道阶段主要引起红-绿对立通道的信号变化。在 4.4.1 节中比较的是色度偏移量，在本节将对观察者匹配的 L 或 M 锥体刺激量的偏移量和两个模型预测的 L 或 M 锥体刺激量的偏移量进行比较。匹配的 L 或 M 锥体刺激量的偏移量定义为匹配的 L 或 M 锥体刺激量除以 D65 光源下色块的 L 或 M 锥体刺激量，两个模型预测的 L 或 M 锥体刺激量的偏移量定义为模型预测的理论 L 或 M 锥体刺激量除以 D65 光源下色块的 L 或 M 锥体刺激量。由 3.4.2 节中 von Kries 模型预测值的计算过程可知，von Kries 模型预测的 L 或 M 锥体刺激量的偏移量对应的就是适应系数 $k_{\mathrm{L,trans}}$ 或 $k_{\mathrm{M,trans}}$。由表 3-3 可知，在红色光源下 $k_{\mathrm{L,trans}}$ 和 $k_{\mathrm{M,trans}}$ 分别为 1.05 和 0.90，在绿色光源下 $k_{\mathrm{L.trans}}$ 和 $k_{\mathrm{M,trans}}$ 分别为 0.95 和 1.10。红-绿对立通道信号偏移量定义为 L 锥体偏移量和 M 锥体偏移量的差。

图 4-6(a)、(b)所示为红色盲混淆线上的红色和绿色光源下观察者匹配的 L 和 M 锥体刺激量的偏移量(红色方块为 L 锥体刺激量的偏移量，绿色方块为 M 锥体刺激量的偏移量)。图中，橙色实线和绿色实线分别表示模型预测的 L 和 M 锥体刺激量的偏移量(图(a)为光源估计模型，图(b)为 von Kries 模型)；四条橙色虚线和四条黄绿色虚线分别代表实线所示理论值的 80%、60%、40%和 20%。图 4-6(c)、(d)所示为红色和绿色光源下观察者匹配的 L-M 值的偏移量(如红色方块所示)。图中，黄色和蓝色实线表示的含义与图 4-3 中的一致。图 4-6(a)、(c)显示，在红色光源下观察者匹配的 L 和 M 锥体刺激量的偏移量与 von Kries 模型和光源估计模型预测的结果均不一致，而匹配的红-绿通道信号 $L-M$ 值的偏移量与光源估计模型预测的结果一致。在 L 和 M 锥体阶段与光源估计模型不一致是因为光源估计模型与视觉系统高层参与的光源颜色识别有关，而在 L 和 M 锥体阶段颜色信号尚未形成，L 和 M 锥体阶段的值更可能是由红-绿通道信号导致的。事实上，有研究者(Kuriki，2006；Kulikowski et al.，2012)发现，初级锥体阶段所发生的锥体改变没有遵循如 von Kries 模型定义的光谱敏感性的线性变化的形式，而这可能是由对立通道信号的变化所导致的，而不是锥体本身。图 4-6(b)、(d)显示，在绿色光源下匹配结果在 L 和 M 锥体阶段以及红-绿通道信号 L–M 阶段均遵循 von Kries 模型，这表明 von Kries 适应在绿色光源下同时发生在锥体和彩色对立通道阶段。

图 4-7 所示为绿色盲混淆线上的红色和绿色光源下的数据。图 4-7 中的匹配结果表现出了与图 4-6 相似的趋势，除了在绿色光源下色块 7.5PB 对应的 L 和 M 锥体值以及 $M-L$ 值的偏移量表现出一个峰值外。这可能是因为绿色光源下色块 7.5PB 看起来非常暗，观察者在匹配过程中增加了色块的亮度。

锥体和彩色对立通道阶段偏移量(红色盲混淆线)

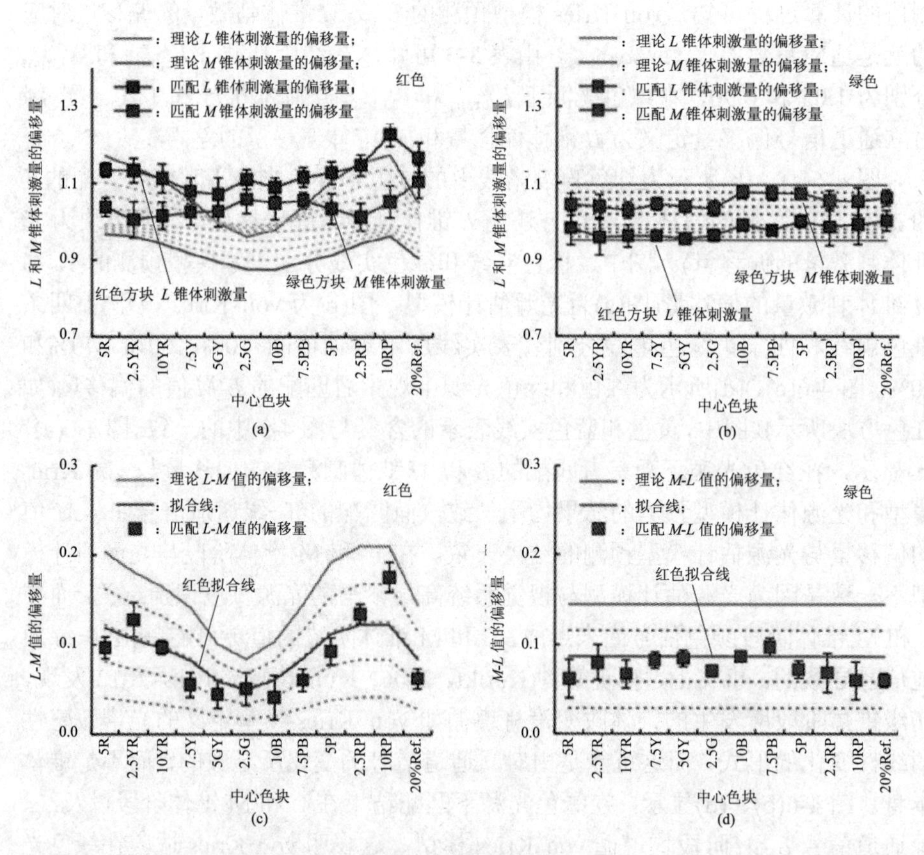

图 4-6　红色盲混淆线上的红色和绿色光源下匹配的 L 和 M 锥体刺激量的偏移量以及 $L-M$ 或 $M-L$ 值的偏移量与两个模型预测的理论偏移量的比较

锥体和彩色对立通道阶段偏移量(绿色盲混淆线)

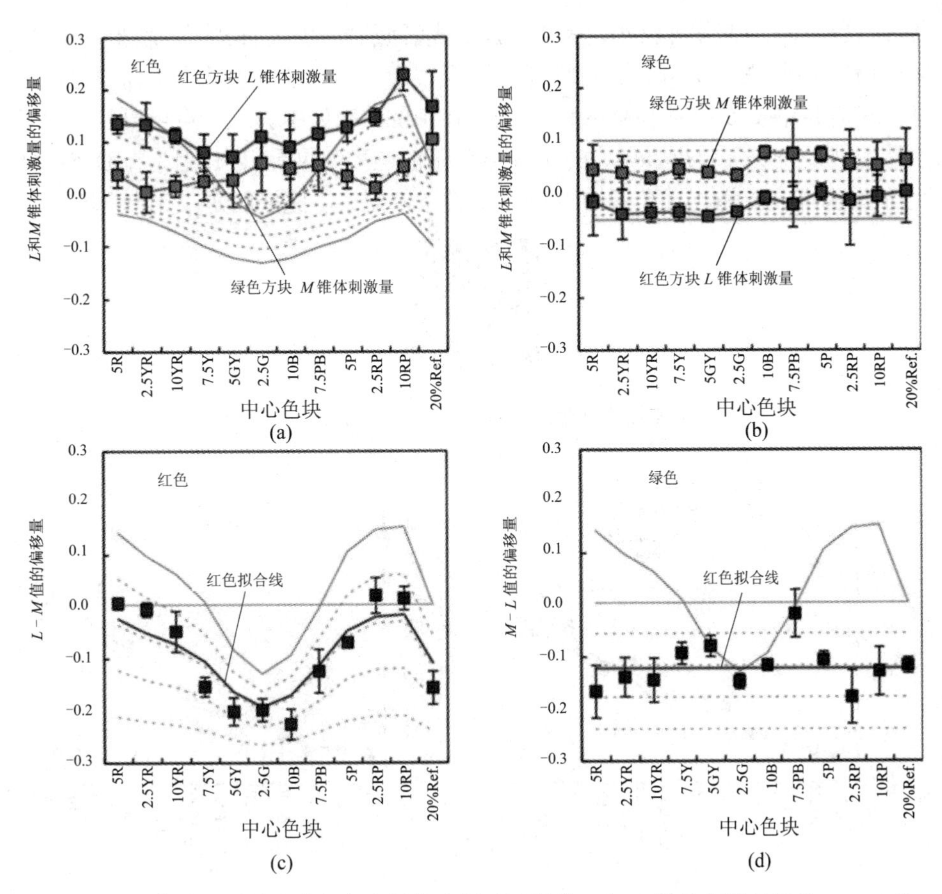

图 4-7　绿色盲混淆线上的红色和绿色光源下匹配的 L 和 M 锥体刺激量以及 $L-M$ 或 $M-L$ 值的偏移量与两个模型预测的理论偏移量的比较

图 4-8 所示为红色盲混淆线上的红色和绿色光源下观察者匹配的 S 锥体刺激量和蓝-黄对立通道信号 $S-(L+M)$值。图中，横轴上的色块名称按各自在 D65 光源下的 S 锥体刺激量从小到大排序，误差线表示标准误差(SEM)。蓝-黄通道信号值用 $S-k(L+M)$来定义，其中系数 k 为平衡 S 值和 $L+M$ 值的常数，$k=0.0175$，具体定义见 3.4.3 节。图中黑色线表示 D65 光源下的值，蓝色和黄色线分别表示 von Kries 模型和光源估计模型的预测值。图 4-8 显示，匹配的 S 锥体刺激量和 $S-(L+M)$值与 D65 光源下的值和两个模型的预测值基本重合，只是在色块 5P、7.5PB 和 10B 上表现出了一定程度的偏差，尤其是在绿色光源下。从 D65 光源到红绿色光源的变化，在锥体阶段主要分别引起 L 和 M 锥体刺激量的变化，在彩色对立通道阶段主要引起红-绿通道信号 $L-M$ 的变化，S 锥体刺激量和蓝-黄通道信

号 $S-(L+M)$值的变化非常小。所以，D65 光源照射下色块的 S 锥体刺激量和 $S-(L+M)$值与两种模型的预测值非常接近，观察者在匹配任务中基本不需要过滤光源，只需要完成 S 锥体刺激量和 $S-(L+M)$值的绝对匹配。这一点可以从观察者的匹配结果与观察者在 D65-D65 光源条件下的匹配结果看出来，因为在 D65-D65 光源(即标准光源和测试光源均为 D65)条件下，观察者完成的是“完全”匹配。

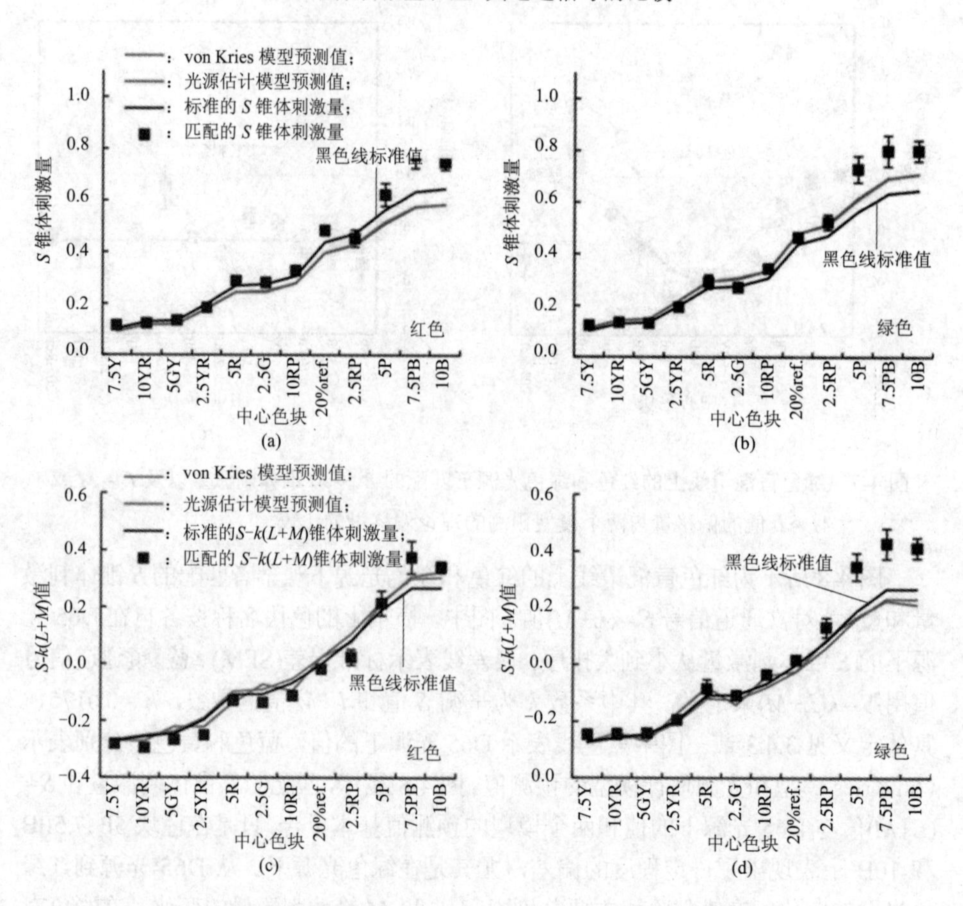

图 4-8　红色盲混淆线上的红色和绿色光源下观察者匹配的 S 锥体刺激量和 S-$k(L+M)$值与两个模型预测值的比较

在 D65-D65 光源条件下，观察者在三个色块 5P、7.5PB 和 10B 上的匹配值与标准色块的色度值仍然存在偏差，说明视觉系统对这三个色块颜色的感知本身就存在偏差，而不是在颜色恒常性过程中形成的。这也解释了为什么图 4-3 中绿色光源下匹配色度偏移量与 von Kries 模型预测的理论色度偏移量在色块 5P、7.5PB 和 10B 上存在拟合偏差。色块 5P、7.5PB 和 10B 上匹配值的偏差在以往的研究(Kuriki et al.，1996；Nieves et al.，2000；Troost et al.，1992；Brainard，1998)中也被发现，具体原因是 *S* 锥体刺激量和 *S* – (*L*+*M*)的辨别阈值随色块引起的 *S* 锥体刺激量的增大而增大(Romero et al.，1993)。另外，色觉正常者通过红-绿通道信号就可以很好地实现颜色恒常性，导致在 S 锥体和蓝-黄通道上损失了一定程度的敏感性。

4.5　关于色觉正常者颜色恒常性机制的讨论

本实验通过非对称同时匹配的方法探索了色觉正常者红绿色光源下的颜色恒常性机制，结果显示在红色光源下观察者匹配的色度偏移量与光源估计模型预测的理论色度偏移量一致，而在绿色光源下与 von Kries 模型预测的理论色度偏移量一致。一般颜色匹配实验结果均用 Arend 等(1991)提出的颜色恒常性指数 *I* 来度量其对应的颜色恒常性程度，*I* 是基于光源评估模型计算的。本节将讨论红绿色光源下的颜色恒常性指数，红绿色光源下匹配结果遵循不同模型的原因，以及基于本次实验结果对颜色恒常性机制的一些假设。

4.5.1　传统的颜色恒常性指数

Arend 等(1991)提出了一种用来度量颜色恒常性程度的颜色恒常性指数的方法。颜色恒常性指数的计算公式为 $I = 1 - b/a$。其中，*b* 表示在 CIE1976 *u'v'* 色度空间中观察者的匹配色度点与理论色度点之间的欧氏距离，*a* 表示标准色度点与理论色度点之间的欧氏距离。理论色度点为光源辐射光谱、色块的光谱反射率和颜色匹配函数的乘积，表示视觉系统可以从视网膜上的图像中将光源的辐射光谱和色块的光谱反射率完全区分开。完全颜色恒常性对应的指数值为 1，即匹配色度点与理论色度点完全重合；颜色恒常性不存在对应的指数值为 0，即匹配色度点与标准色度点重合。

这种度量颜色恒常性的方法适合观察者的匹配结果符合光源估计模型时的情况，如本实验中的红色光源下。如果观察者的匹配结果符合 von Kries 适应模型，如本实验中的绿色光源下，则当锥体达到完全适应时，观察者的匹配色度点将与 von Kries 模型预测的理论色度点重合，不会与光源估计模型预测的理论色度点重合。所以当采用颜色恒常性指数度量颜色恒常性时，即使锥体达到了完全适应，但是恒常性指数仍显示不完全的颜色恒常性。这也可从本实验中红色和绿色光源下的颜色恒常性指数之间的差异看出。

图 4-9(a)表示红色盲和绿色盲混淆线上得到的红色光源下的颜色恒常性指数；图(b)表示绿色光源下的颜色恒常性指数。以红绿色光源所处的混淆线(绿色盲和红色盲混淆线)、光源颜色(红色和绿色光源)和色块(12 个色块)为因素的三因素方差分析表明，绿色盲和红色盲混淆线上的光源对应的颜色恒常性之间没有显著性差异($F(1，238) = 2.565$，$p = 0.111$)，光源颜色和色块之间具有显著性的交互效应($p < 0.001$)。通过多重比较可知，12 个色卡中的 5 个色卡(5R、2.5YR、10YR、2.5RP 和 10RP)在红色光源下的颜色恒常性指数显著大于绿色光源下，3 个色卡(7.5Y、5GY 和 2.5G)在绿色光源下的颜色恒常性指数显著大于红色光源下，其他 4 个色卡(10B、7.5PB、5P 和 N5/)的指数在红色和绿色光源之间没有显著性差异。

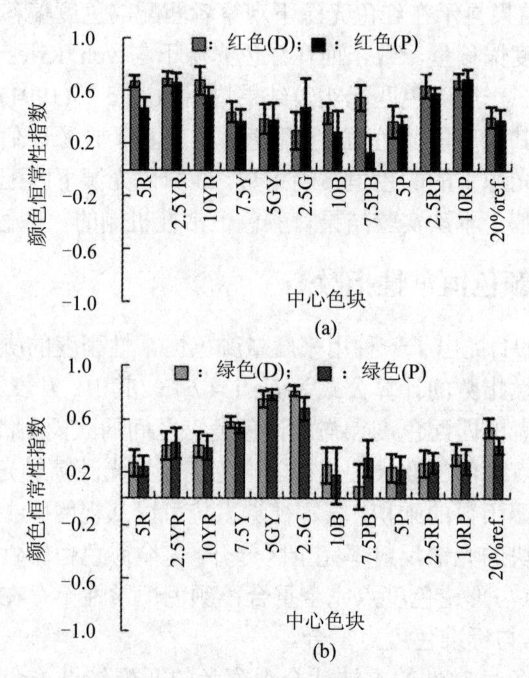

图 4-9　12 个色块在红色和绿色光源下的颜色恒常性指数

说明：红色(D)和红色(P)分别表示绿色盲和红色盲混淆线上的红色光源，绿色(D)和绿色(P)分别表示绿色盲和红色盲混淆线上的绿色光源。

4.5.2　颜色匹配结果遵循不同模型的原因

为什么在红绿色光源下观察者的匹配结果分别遵循光源估计模型和 von Kries 模型呢？一种可能性是光源照射下场景中的颜色信息分布不同导致。图 4-10 所示为本次实验刺激物背景中的 48 个 Munsell 色卡在红色和绿色光源下的 $L-M$ 和 $L+M-S$ 值的分布。图(a)中十字表示红色光源下的值，图(b)中十字表示绿色光源下的值，三角形则表示 D65 光源下的值。由图 4-10 可看出，在红色光源下 48 个色卡的 $L-M$ 值分布范围较广，在绿色光源下 48 个色卡的 $L-M$ 值分布比较集中。这说明在红色光源下背景中的红绿颜色信息分布较丰富，而绿色光源下红绿颜色信息分布向绿色聚集。背景中丰富的信息有助于色觉系统从场景中估计光源颜色，而信息向绿色聚集则会强烈地刺激视网膜层的 M 锥体，从而改变 M 锥体对光的敏感性。由于三维场景可提供丰富的可供色觉系统估计光源的信息(Delahunt et al.，2004；Hedrich et al.，2009；Xiao et al.，2012)，因此预计在三维场景中，即使在绿色光源下，光源估计也会参与颜色恒常性的形成，这一点还有待进一步研究。

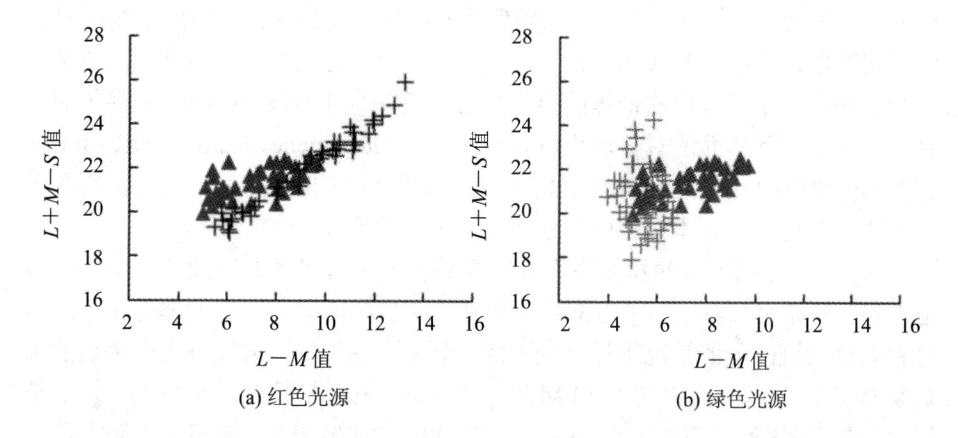

(a) 红色光源　　(b) 绿色光源

图 4-10　本实验刺激物背景中的 48 个 Munsell 色卡在红色和绿色光源下的 $L-M$(横轴)和 $L+M-S$(纵轴)值

除了以上场景信息分布的原因，Sugita(2004)、Brenner 和 Cornelissen(2004)发现颜色恒常性可能与我们早期经历的光源有关。因此，另一个原因可能是人眼色觉系统对红色光源比对绿色光源熟悉。红色光源的颜色与实际生活中我们频繁经历的 4000 K 色温的光源接近。绿色光源在实际生活中并不常见，相对来说比较陌生。因此，可推测在熟悉光源下人眼色觉系统更倾向采用光源估计策略来过滤光源；在陌生光源(如绿色光源)下，色觉系统偏向于通过简单的锥体适应来过滤光源。

4.5.3 关于颜色恒常性机制的假设

在红绿色光源下，背景中所有色块的颜色均只在红-绿色维度发生了变化，蓝-黄色维度没有变化，为了实现颜色恒常性，色觉系统的任务就是去掉引起色块颜色改变的覆盖在上面的那一层红色或绿色。要去掉这一层红色或绿色，有几种策略：锥体适应性，L 或 M 锥体的感光敏感性发生变化就均匀地去掉了红色或绿色光源的影响；视觉系统高层参与的光源估计，视觉系统高层采用某种计算模型去掉红色或绿色光源引起的红或绿色成分。至于去掉多少红色或绿色成分，则取决于计算模型。

观察者匹配的色度的偏移由色觉系统中的颜色恒常性机制导致，所以匹配色度的偏移趋势反映了背后的颜色恒常性机制。由本实验结果可推测，在红色光源下颜色视觉系统主要通过视觉系统高层参与的光源颜色估计来过滤掉光源对色块颜色的影响，在绿色光源下颜色视觉系统通过视网膜层简单的锥体适应来过滤光源。在红色光源下光源颜色信号可能首先到达色觉系统中视网膜后的高层阶段，高层的光源颜色估计反过来决定对立通道信号值和锥体刺激量；在绿色光源下视网膜层的锥体的感光敏感性首先发生改变，适应后的锥体的信息进一步传递到后面的对立通道以及更高层。Daugirdiene、Kulikowski、Murray 和 Kelly(2016)认为颜色恒常性一定涉及了从上到下的全局机制，它比初级的锥体对比机制更重要。本实验中红色光源下的结果支持他们的假设。

事实上，von Kries 模型被发现在大多数情况下可以很好地预测观察者的匹配结果，其原因有以下两个方面：一个是颜色恒常性的研究基本都是在光源沿着普朗克轨迹改变的情况下进行的；另一个是这些颜色恒常性研究中考察的都是初级光感受体阶段中的 L 和 M 锥体与 von Kries 模型预测值的拟合，不是红-绿对立通道信号值的拟合。Kuriki 等(1996)的研究表明，当被应用到彩色对立通道阶段时，von Kries 模型的预测效果不好。

Nieves 等(2000)认为，光源的变化以不同的方式影响彩色对立通道的红-绿对立通道和 S 锥体系统。与之类似，颜色恒常性机制可能需要从红-绿对立通道机制和 S 锥体机制两个方面来分别考虑。对于一个特定色度的光源，视觉系统可能会采用不同的颜色恒常性机制分别过滤掉光源中的红-绿和蓝-黄颜色成分。

参考文献

AMANO K, FOSTER D H, NASCIMENTO S M C, 2006. Color constancy in natural scenes with and without an explicit illuminant cue. Vis Neurosci, 23(3-4): 351-356.

AREND L E, REEVES A, SCHIRILLO J, et al, 1991. Simultaneous color constancy: papers with diverse Munsell values. Journal of the Optical Society of America A, 8(4): 661-672.

BÄUML K H, 1999a. Simultaneous color constancy: how surface color perception varies with the illuminant. Vis. Res., 39(8): 1531-1550.

BÄUML K H, 1999b. Color constancy: the role of image surfaces in illumination adjustment. J. Opt. Soc. Am. A, 16(7): 1521-1530.

BRAINARD D H, 1998. Color constancy in the nearly natural image. 2. Achromatic loci. J. Opt. Soc. Am. A, 15(2): 307-325.

BRAINARD D H, BRUNT W A, SPEIGLE J M, 1997. Color constancy in the nearly natural image: I. Asymmetric matches. J. Opt. Soc. Am. A, 14(9): 2091-2110.

BRAINARD D H, WANDELL B A, 1992. Asymmetric color matching: how color appearance depends on the illuminant. J. Opt. Soc. Am. A, 9(9): 1433-1448.

BRENNER E, CORNELISSEN F W, 2004. A way of selectively degrading colour constancy demonstrates the experience dependence of colour vision. Curr. Biol., 15(21): R864-R866.

CHICHILNISKY E J, WANDELL B A, 1995. Photoreceptor sensitivity changes explain color appearance shifts induced by large uniform backgrounds in dichoptic matching. Vis. Res., 35(2): 239-254.

DAUGIRDIENE A, KULIKOWSKI J J, MURRAY I J, et al, 2016. Test illuminant location with respect to the Planckian locus affects chromaticity shifts of real Munsell chips. J. Opt. Soc. Am. A, 33(3): A77-A84.

DELAHUNT P B, BRAINARD D H, 2004. Does human color constancy incorporate the statistical regularity of natural daylight? J. Vis. 4(2): 57-81.

FOSTER D H, 2011. Review: Color constancy. Vis. Res., 51(7): 674-700.

GODDARD E, SOLOMON S, CLIFFORD C, 2010. Adaptable mechanisms sensitive to surface color in human vision. J. Vis., 10(9): 17,1-13.

GRANZIER J J M, BRENNER E, SMEETS J B J, 2009. Can illumination estimates provide the basis for color constancy? J. Vis., 9(3): 18,1-11.

GRILL-SPECTOR K, MALACH R, 2001. fMRI-adaptation: a tool for studying the functional properties of human cortical neurons. Acta Psychologica, 107: 293-321.

HANSEN T, WALTER S, GEGENFURTNER K R, 2007. Effects of spatial and temporal context on color categories and color constancy. J. Vis., 7(4): 2,1-15.

HEDRICH M, BLOJ M, RUPPERTSBERG A I, 2000. Color constancy improves for real 3D objects. J. Vis., 9(4): 16,1-16.

KRAFT J M, BRAINARD D H, 1999. Mechanisms of color constancy under nearly natural viewing. Proc. Natl. Acad. Sci. USA, 96(1): 307-312.

KULIKOWSKI J J, DAUGIRDIENE A, PANORGIAS A, et al, 2012. Systematic violations of von Kries rule reveal its limitations for explaining color and lightness constancy. J. Opt. Soc. Am. A, 29(2): A275-A289.

KURIKI I, 2006. The loci of achromatic points in a real environment under various illuminant chromaticities. Vis. Res., 46(19): 3055-3066.

KURIKI I, UCHIKAWA K, 1996. Limitations of surface-color and apparent-color constancy. J. Opt. Soc. Am. A, 13(8), 1622-1636.

MURRAY I J, DAUGIRDIENE A, VAITKEVICIUS H, et al, 2006. Almost complete colour constancy achieved with full-field adaptation. Vis. Res., 46(19): 3067-3078.

NIEVES J L, GARCÍA-BELTRÁN A, ROMERO J, 2000. Response of the human visual system to variable illuminant conditions: An analysis of opponent-colour mechanisms in colour constancy. Ophthal. Physiol. Opt., 20(1): 44-58.

ROMERO J, GARCÍA J A, DEL BARCO L J, et al, 1993. Evaluation of color-discrimination ellipsoids in two-color spaces. J. Opt. Soc. Am. A, 10(5): 827-837.

SMITHSON H, ZAIDI Q, 2004. Colour constancy in context: Roles for local adaptation and levels of reference. J. Vis., 4(9): 693-710.

SUGITA Y, 2004. Experience in early infancy is indispensable for color perception. Curr. Biol., 14(14): 1267-1271.

TROOST J M, WEI L, DE WEERT C M, 1992. Binocular measurements of chromatic adaptation. Vis. Res., 32(10): 1987-1997.

VON KRIES J, 1970. Chromatic adaptation. Sources of Color Science. MACADAM D L, ed. Cambridge, MA: MIT Press: 145-148.

XIAO B, HURST B, MACLNTYRE L, et al, 2012. The color constancy of three-dimensional objects. J. Vis., 12(4): 6,1-15.

YANG J N, MALONEY L T, 2001. Illumination cues in surface color perception: tests of three candidate cues. Vis. Res., 41(20): 2581-2600.

第5章 RGB-LED 光源下的颜色恒常性

5.1 引 言

LED 光源作为一种新型的照明技术，与传统光源相比，具有能耗低和寿命长等优点，已经被广泛地应用于交通信号、家庭照明、橱窗展示和工业照明等领域。LED 光源中的白光 LED 和 RGB-LED 光源均可以达到白光的效果。白光 LED 光源由蓝光 LED 配合黄色荧光粉产生白光。RGB-LED 光源由窄带红、绿、蓝三色 LED 组成，可以合成任意色度的光源。CIE(国际照明委员会)推荐用一般显色指数 R_a(CIE Publ，1995)来评价光源对物体的显色能力。与传统光源和白光 LED 相比，RGB-LED 光源的显色指数较小。不同的 RGB-LED 光源的红、绿、蓝三色芯片的光谱分布也不同，对应的光源的显色指数的取值范围较广。目前应用于商业的 RGB-LED 光源的蓝、绿和红光芯片的峰值波长范围分别为 440～470 nm、510～560 nm 和 600～640 nm，三色芯片的半峰宽(Full-Width Half-Maximum，FWHM)范围均为 50 nm 以下(古志良 等，2016)，显色指数范围为 20～60(Ma et al.，2018)。

RGB-LED 光源中的蓝、绿、红光 LED 的带宽较窄，被照射场景中色卡的色度值与日光光源下相比向蓝、绿、红三个方向延伸(Van Der Burgt et al.，2010)，导致色域增大(Hashimoto et al.，2007；Mahler et al.，2009)。此外，与传统光源相比，研究发现 RGB-LED 光源下场景中物体颜色的红-绿对比度(Worthey，2003)和饱和度增加了(Mahler et al.，2009)，观察者更偏好 RGB-LED 光源(Bodrogi et al.，2013)，但是在其照射场景下观察者的颜色辨别能力降低了(Mahler et al.，2009；Royer et al.，2012；Veitch et al.，2014)。与对比度感知紧密关联的视觉清晰度也是光源颜色质量评价中最重要的特性之一。

综上所述，光源显色质量的评价是一项综合性的任务，包含多个方面的评价(如物体颜色饱和度和对比度、物体颜色逼真度和观察者对物体颜色的辨别等)，单一的显色指数 CIE-R_a 不能预测观察者在 RGB-LED 光源下的各种颜色知觉行为(Whitehead et al.，2012；Hashimoto et al.，2007；Bodrogi et al.，2013；程雯婷 等，2011；章夫正，2018；魏敏晨，2019；赖传杜，2017)。光源的显色质量需要通过多个指数共同评价，如用来评估对比度感觉的指数 FCI 和一般显色指数 R_a 合起来可以很好地评价光源显色质量(Hashimoto et al.，2007)。

颜色恒常性研究已有很长的历史(Foster，2011)。关于颜色恒常性的研究，主要有采用视觉心理物理学方法探索周围环境中的色度信息(Golz，2008；Golz et al.，2012)、亮度信息(Uchikawa et al.，2012)，以及光源的照射时间(Murray et al.，2006；Hansen et al.，2007)对颜色恒常性的影响，这些研究均假设光源为宽带的日光光源。在模拟环境下，光源光谱通过日光光谱基函数的线性组合(Judd et al.，1964)来生成；在真实环境下，光源光谱通过三色荧光灯混合生成(Olkkonen et al.，2009)或者使用滤光片过滤日光(Olkkonen et al.，2010)生成。

颜色恒常性的研究有助于判定当 RGB-LED 光源发生色度变化时人类视觉系统对于物体颜色的识别是否稳定，同时增加了一个对 RGB-LED 光源显色质量评价的因素，可为 RGB-LED 光源的应用和设计提供重要的科学依据。

5.2　颜色命名方法

5.2.1　实验装置

实验在暗室中一个尺寸为 36 cm × 36 cm × 36 cm 的观察箱中进行。实验场景如图 5-1 所示，箱子侧面、背面以及底部均用反射率大约为 25%的灰色纸覆盖，箱子中放置水果模型和 Macbeth ColorChecker 24 标准色卡来模拟实际生活中多颜色的观察背景。在箱子顶部安装了一个从市场上购买的基于脉冲宽度调制(PWM)的 RGB-LED 光源。光源的蓝、绿和红光 LED 的峰值波长分别为 465 nm、520 nm 和 625 nm，光谱分布的半峰宽 FWHM 分别为 40 nm、45 nm 和 36 nm。光源在色温为 6500 K 时的一般显色指数 R_a 为 30。光源的颜色可通过一个远程遥控面板调整。在实验过程中，色卡被放置在箱子底部，观察者以 45° 角观察色卡，眼睛离色卡的距离大约为 45 cm，观察者看不到箱子顶部的光源，如图 5-2 所示。

图 5-1　实验场景图　　　　　　实验场景图

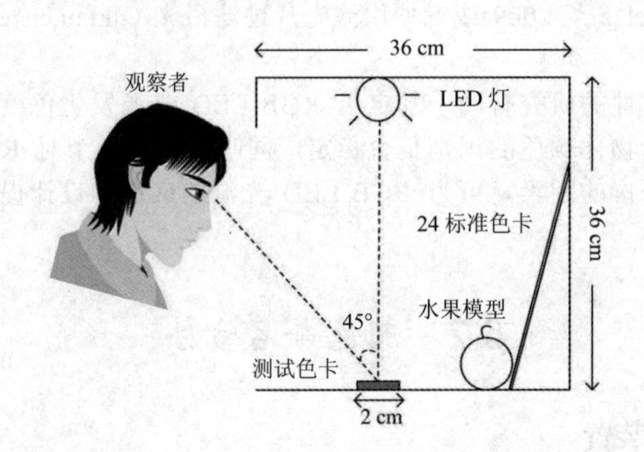

图 5-2　实验装置示意图

5.2.2　光源和色卡

本次实验中参考白光的色度与 D65 光源一致，在 CIE1976 *u'v'* 色度图中的坐标为(0.1994，0.4671)。红、绿、蓝和黄色测试光源在 CIE1976 *u'v'* 色度图中的位置如图 5-3 所示，与参考白光色度坐标之间的欧氏距离均为 0.045 个单位。所有光源的 CIE1976 *u'v'* 色度值以及彩色测试光源与参考白光之间的 *L*、*M* 和 *S* 锥体刺激量的对比值如表 5-1 所示。其中，光源的三刺激值和锥体刺激量之间的转换采用基于 Smith-Pokorny 锥底(Smith et al.，1975)的转换矩阵和 CIE1931 标准颜色匹配函数(Wyszecki et al.，1982)。为了进行比较，彩色测试光源和参考白光之间的 *L*、*M* 和 *S* 锥体刺激量的对比值通过基于

Stockman-Sharpe 锥底(Stockman et al.，2000)的转换矩阵来计算，结果如表 5-2 所示。

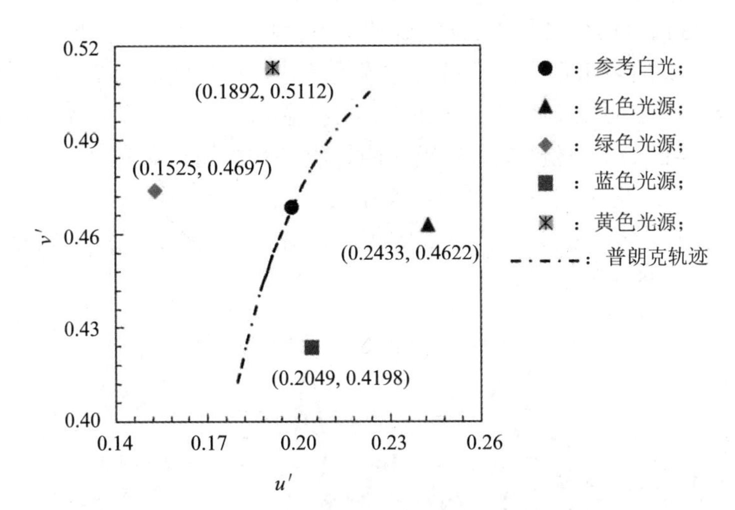

图 5-3　参考白光和四种彩色光源在 CIE1976 $u'v'$ 色度图中的位置

表 5-1　所有光源的 $u'v'$ 色度值和彩色测试光源与参考白光之间的 L、M 和 S 锥体刺激量的对比值

光源	u'	v'	L / (cd/m^2)	L 值对比	M 值对比	S 值对比
白光	0.1994	0.4671	24.67	—	—	—
红色	0.2433	0.4622	24.78	5.80%	−9.76%	−0.18%
绿色	0.1525	0.4697	24.68	−5.61%	10.82%	3.83%
蓝色	0.2049	0.4198	24.61	−0.39%	0.03%	61.16%
黄色	0.1892	0.5112	24.80	0.07%	1.41%	−46.11%

表 5-2　所有光源的 $u'v'$ 色度值以及彩色光源和参考白光之间基于 Stockman-Sharpe 锥底的锥体刺激量的对比

光源	u'	v'	L / (cd/m^2)	L 值对比	M 值对比	S 值对比
白光	0.1994	0.4671	24.67	—	—	—
红色	0.2433	0.4622	24.78	5.65%	−9.68%	−0.18%
绿色	0.1525	0.4697	24.68	−5.45%	10.72%	3.83%
蓝色	0.2049	0.4198	24.61	−0.24%	0.24%	61.16%
黄色	0.1892	0.5112	24.80	−0.03%	1.61%	−46.11%

RGB-LED 光源产生参考白光和四种彩色光源的过程为：用远程遥控面板调整 LED 光源的颜色和强度，同时通过光谱辐射仪(PR-715，Photo Research Inc.，New York，USA)测量 LED 光源照射下白板的色度值和亮度值，当色度值达到预先定义的参考白光或四种彩色光源的值，且亮度值为 25 cd/m^2 时，将此光源存储在遥控面板上的某一按钮中，在实验中通过此按钮来控制该光源的开与关。RGB-LED 光源产生的白光和四种彩色光源的相对光谱分布如图 5-4 所示。其中，红、蓝和黄色光源的曲线在大约 625 nm 处重合。作为参考，图 5-4 中也表示出了传统宽带光源 D65 的相对光谱分布。所有光源的相对光谱能量分布数据如表 5-3 所示。

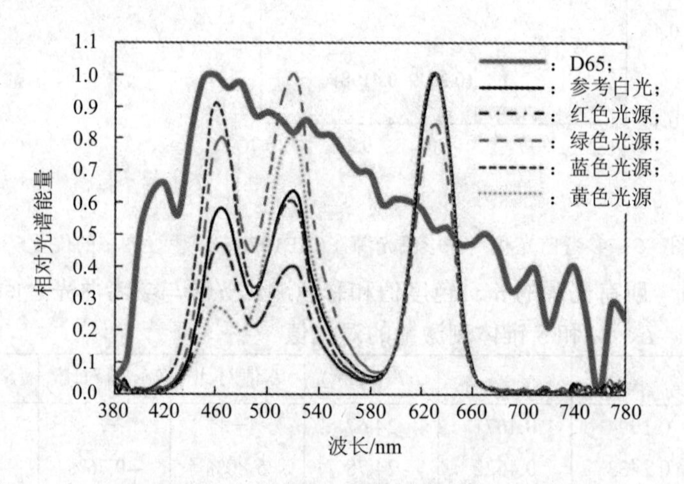

图 5-4　RGB-LED 光源产生的参考白光和四种彩色光源的相对光谱分布

表 5-3　本次实验中 RGB-LED 灯所产生的所有光源的相对光谱能量分布数据

λ / nm	白光	红色	绿色	蓝色	黄色
380	0.0196	0.0165	0.0040	0.0285	0.0205
384	0.0121	0.0135	0.0101	0.0235	0.0120
388	0.0090	0.0168	0.0102	0.0142	0.0081
392	0.0059	0.0111	0.0127	0.0085	0.0061
396	0.0025	0.0064	0.0079	0.0105	0.0052
400	0.0060	0.0051	0.0038	0.0088	0.0047
404	0.0073	0.0049	0.0053	0.0092	0.0026
408	0.0057	0.0060	0.0058	0.0116	0.0045

续表一

λ / nm	白光	红色	绿色	蓝色	黄色
412	0.0057	0.0074	0.0071	0.0153	0.0069
416	0.0082	0.0083	0.0076	0.0211	0.0069
420	0.0083	0.0093	0.0083	0.0254	0.0072
424	0.0123	0.0131	0.0125	0.0344	0.0098
428	0.0177	0.0195	0.0192	0.0484	0.0135
432	0.0276	0.0300	0.0295	0.0713	0.0193
436	0.0449	0.0478	0.0465	0.1058	0.0286
440	0.0668	0.0708	0.0677	0.1455	0.0397
444	0.1014	0.1079	0.1028	0.2032	0.0548
448	0.1383	0.1472	0.1405	0.2585	0.0698
452	0.1881	0.1994	0.1902	0.3297	0.0886
456	0.2513	0.2676	0.2551	0.4212	0.1136
460	0.2723	0.2883	0.2760	0.4400	0.1186
464	0.2747	0.2911	0.2795	0.4284	0.1166
468	0.2644	0.2794	0.2709	0.3900	0.1110
472	0.2404	0.2536	0.2479	0.3484	0.1027
476	0.2039	0.2115	0.2115	0.2803	0.0916
480	0.1749	0.1786	0.1841	0.2292	0.0869
484	0.1520	0.1521	0.1644	0.1878	0.0910
488	0.1446	0.1392	0.1603	0.1658	0.1062
492	0.1519	0.1412	0.1711	0.1639	0.1291
496	0.1717	0.1555	0.1972	0.1775	0.1660
500	0.2006	0.1773	0.2309	0.2013	0.2091
504	0.2291	0.2009	0.2680	0.2276	0.2503
508	0.2639	0.2284	0.3096	0.2596	0.2597
512	0.2869	0.2477	0.3375	0.2805	0.3247
516	0.3014	0.2583	0.3542	0.2921	0.3419

续表二

λ / nm	白光	红色	绿色	蓝色	黄色
520	0.3014	0.2584	0.3566	0.2911	0.3432
524	0.2883	0.2469	0.3420	0.2764	0.3264
528	0.2479	0.2130	0.2955	0.2352	0.2787
532	0.1907	0.1642	0.2279	0.1790	0.2120
536	0.1584	0.1367	0.1893	0.1467	0.1742
540	0.1328	0.1137	0.1575	0.1201	0.1427
544	0.1111	0.0952	0.1323	0.0990	0.1177
548	0.0943	0.0812	0.1125	0.0838	0.0986
552	0.0781	0.0674	0.0930	0.0684	0.0804
556	0.0640	0.0552	0.0752	0.0555	0.0650
560	0.0539	0.0470	0.0636	0.0468	0.0542
564	0.0473	0.0412	0.0551	0.0402	0.0467
568	0.0394	0.0352	0.0464	0.0340	0.0392
572	0.0324	0.0307	0.0378	0.0283	0.0318
576	0.0283	0.0282	0.0309	0.0249	0.0272
580	0.0270	0.0271	0.0255	0.0235	0.0250
584	0.0271	0.0299	0.0235	0.0245	0.0247
588	0.0296	0.0365	0.0244	0.0281	0.0267
592	0.0383	0.0497	0.0283	0.0364	0.0336
596	0.0539	0.0727	0.0356	0.0518	0.0481
600	0.0756	0.1054	0.0466	0.0748	0.0676
604	0.1096	0.1519	0.0635	0.1093	0.0984
608	0.1662	0.2347	0.0957	0.1666	0.1503
612	0.2349	0.3341	0.1336	0.2351	0.2124
616	0.3132	0.4505	0.1788	0.3166	0.2842
620	0.3920	0.5674	0.2248	0.4007	0.3569
624	0.4387	0.6397	0.2536	0.4541	0.4033

续表三

λ / nm	白光	红色	绿色	蓝色	黄色
628	0.4587	0.6742	0.2692	0.4822	0.4272
632	0.4508	0.6662	0.2674	0.4823	0.4251
636	0.4072	0.6055	0.2458	0.4468	0.3928
640	0.3480	0.5203	0.2129	0.3934	0.3439
644	0.2721	0.4075	0.1687	0.3192	0.2776
648	0.1825	0.2725	0.1150	0.2233	0.1940
652	0.1059	0.1628	0.0709	0.1387	0.1173
656	0.0593	0.0940	0.0429	0.0826	0.0697
660	0.0346	0.0532	0.0246	0.0472	0.0403
664	0.0230	0.0289	0.0117	0.0266	0.0233
668	0.0146	0.0198	0.0091	0.0188	0.0138
672	0.0087	0.0161	0.0079	0.0133	0.0107
676	0.0066	0.0137	0.0083	0.0127	0.0126
680	0.0086	0.0096	0.0065	0.0075	0.0057
684	0.0063	0.0061	0.0021	0.0063	0.0037
688	0.0079	0.0072	0.0021	0.0064	0.0050
692	0.0078	0.0072	0.0036	0.0039	0.0063
696	0.0049	0.0074	0.0048	0.0060	0.0061
700	0.0033	0.0070	0.0050	0.0068	0.0028
704	0.0084	0.0056	0.0013	0.0078	0.0034
708	0.0062	0.0063	0.0015	0.0025	0.0064
712	0.0051	0.0087	0.0024	0.0080	0.0061
716	0.0038	0.0082	0.0073	0.0046	0.0057
720	0.0037	0.0052	0.0045	0.0078	0.0029
724	0.0043	0.0024	0.0031	0.0071	0.0036
728	0.0039	0.0075	0.0000	0.0068	0.0044
732	0.0081	0.0103	0.0012	0.0042	0.0062

续表四

λ / nm	白光	红色	绿色	蓝色	黄色
736	0.0103	0.0063	0.0062	0.0063	0.0038
740	0.0025	0.0062	0.0067	0.0083	0.0032
744	0.0074	0.0064	0.0042	0.0039	0.0106
748	0.0096	0.0067	0.0029	0.0046	0.0111
752	0.0062	0.0114	0.0000	0.0053	0.0044
756	0.0061	0.0147	0.0066	0.0124	0.0094
760	0.0057	0.0160	0.0100	0.0064	0.0096
764	0.0091	0.0135	0.0089	0.0061	0.0093
768	0.0082	0.0142	0.0020	0.0030	0.0023
772	0.0182	0.0277	0.0000	0.0129	0.0058
776	0.0257	0.0060	0.0004	0.0150	0.0226
780	0.0155	0.0153	0.0109	0.0070	0.0175

实验采用孟塞尔标准色卡(Munsell Book of Color Glossy)中明度值为 5/的所有色卡，总共为 240 个，包括 40 个色相值以及每个色相所包含的所有彩度值。240 个色卡的光谱反射率通过分光光度计(Color-Eye 7000A，X-Rite Inc.，Michigan，USA)直接测量获得。在计算色卡在不同光源下的色度值时，因 CIE1931 标准颜色匹配函数对年轻观察者表现较差(黄敏、何瑞丽和郭春丽等，2018)，故采用 Judd-Vos 矫正的颜色匹配函数(Vos，1978)，光谱在 380～780 nm 范围内间隔 10 nm 取样。

参考白光、红、绿、蓝和黄色光源下 240 个色卡的平均和最大亮度值分别为 4.5 cd/m^2 和 6.2 cd/m^2、4.6 cd/m^2 和 7.5 cd/m^2、4.4 cd/m^2 和 5.8 cd/m^2、4.5 cd/m^2 和 6.5 cd/m^2 以及 4.5 cd/m^2 和 6.0 cd/m^2。色卡周围的灰色背景在所有光源下的亮度值为 6.3 cd/m^2。因此，在参考白光、绿和黄色光源下所有色卡的亮度均比其背景的亮度低，而在红色和蓝色光源下部分色卡的亮度比背景的亮度高。

5.2.3 观察者

7 名观察者(4 名男性和 3 名女性，年龄在 22 到 25 岁之间)参与了红色和绿色光源下的实验。由于个人原因，有 4 名观察者离开，剩下的 3 名和另外新加入的 2 名总共 5 名观察者(4 名男性和 1 名女性，年龄在 24 到 31 岁之间)参与了蓝色和黄色光源下的实验。观察者在红-绿和蓝-黄色光源实验中的参与情况见表 5-4。所有观察者均拥有正常或矫正后正常的视敏度，以及由石原表检测为正常的颜色视觉。

表 5-4　观察者在红-绿和蓝-黄色光源实验中的参与情况

观察者编号	参与的实验
#1	红-绿光源实验
#2	红-绿光源实验
#3	红-绿光源实验
#4	红-绿光源实验
#5	红-绿光源实验和蓝-黄光源实验
#6	红-绿光源实验和蓝-黄光源实验
#7	红-绿光源实验和蓝-黄光源实验
#8	蓝-黄光源实验
#9	蓝-黄光源实验

5.2.4　颜色命名过程

在实验开始前告诉每个观察者，实验的任务是针对每个放在指定位置的色卡进行颜色命名。观察者所使用的颜色类别只能是 Berlin 和 Kay(1969)提出的 11 个基本颜色类别之一。11 个基本颜色类别分别用中文和英文给出：红色(red)、绿色(green)、蓝色(blue)、黄色(yellow)、橙色(orange)、粉色(pink)、紫色(purple)、棕色(brown)、灰色(gray)、黑色(black)和白色(white)。实际上，由于所有色卡的 Munsell 明度值为 5/，在所有光源照射下它们的亮度值没有明显地高于或低于灰色背景的亮度值，因此实验中任何观察者均没有使用白色和黑色。

参加红色和绿色光源下实验的 7 个观察者，每个观察者需要完成 4 组实验，每组实验对应 1 种光源，4 组实验分别对应参考白光、红色光源、绿色光源和参考白光。第 1 组参考白光实验作为训练过程，第 2 组参考白光实验用于度量彩色光源下颜色恒常性的参照值。图 5-5 所示为红色光源下的实验过程。实验开始前，观察者首先适应参考白光照射下的场景 5 分钟，然后适应红色光源照射下的场景5分钟，接着在红色光源下完成240个色卡的颜色命名。240个色卡按照随机顺序依次被实验者手动放置在指定位置。实验中间休息15分钟，完成一种光源下所有色卡的颜色命名大约需要1小时。绿色光源下的实验过程与红色光源下的一致。

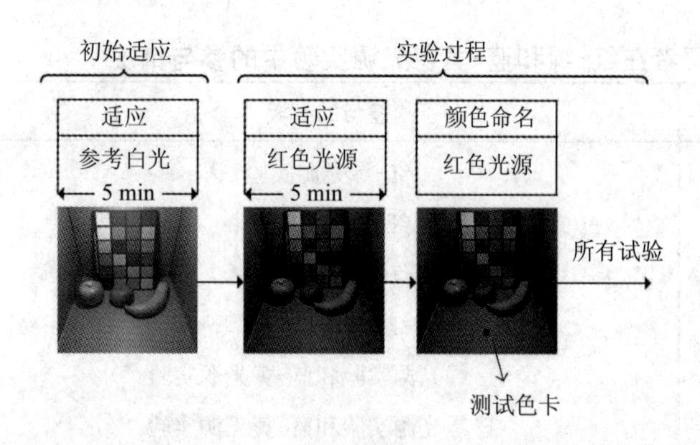

图5-5　红色光源下的实验过程

实验过程

参加蓝色和黄色光源下实验的5个观察者，每个观察者也需要完成4组实验，对应参考白光、蓝色光源、黄色光源和参考白光。每组实验过程与上述相同。

实验总共花费大约48小时(4小时×7个观察者+4小时×5个观察者)。所有观察者的数据在实验过程中通过录音设备记录下来，实验完成后再被导入计算机中进行数据分析。

5.2.5　改进的恒常性指数和角度偏移量

量化颜色恒常性的程度主要通过在某一色彩空间中比较观察者的匹配值和理论值之间的差异来进行，有两种颜色恒常性指数——Arend、Reeves和Schirillo等(1991)提出的CI(Constancy Index，计算中常用I表示CI)与Troost和De Weert(1991)提出的BR(Brunswik Ratio)被用来定量地表示颜色恒常性的好坏。图5-6所示为某一色块在CIE1976 $u'v'$色度图中的标准色度坐标(u_s, v_s)、匹配色度坐标(u_o, v_o)和理论色度坐标$\left(u_p', v_p'\right)$，与Arend等(1991)和Troost等(1991)所著论文中的结果类似。其中，d_{sp}为标准值与理论值之间的欧氏距离，d_{op}为匹配值与理论值之间的欧氏距离，d_{so}为标准值与匹配值之间的欧氏距离。

颜色恒常性指数 CI 被定义为$1-\dfrac{d_{\mathrm{op}}}{d_{\mathrm{sp}}}$；BR 被定义为$\dfrac{d_{\mathrm{so}}}{d_{\mathrm{sp}}}$。除了 BR 外，Troost 等(1991)还定义了图 5-6 中所示的角度偏移量 θ 来表示颜色恒常性的大小。角度偏移量 θ 越小，颜色恒常性表现得越好。

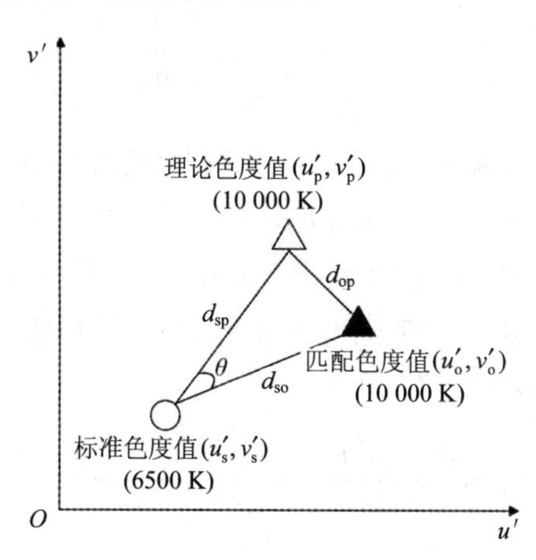

图 5-6　颜色恒常性指数计算中各色度坐标示意图

下面以测量从参考白光 D65 变化到相关色温为 10 000 K 的测试光源的颜色恒常性为例进行介绍。色块的标准色度值为某一个色块(如 Munsell R5/8)在参考白光 D65 下的色度值；理论色度值为色块 R5/8 在相关色温为 10 000 K 的测试光源下的理论值，通过色块 R5/8 的光谱反射率、测试光源的辐射光谱以及颜色匹配函数三者的乘积计算得到；匹配色度值为观察者以颜色恒常性任务为指导在测试光源下匹配到的值。

当观察者的匹配值与色块在测试光源下的理论值相同时，颜色恒常性达到了 100%，对应的颜色恒常性指数为 1。当观察者在测试光源下的匹配值与色块在参考白光下的标准值相同时，说明观察者只是根据色块表面的辐射光谱识别颜色，而不是根据色块本身的反射率识别，此时颜色恒常性不存在，对应的颜色恒常性指数为 0。

下面通过改进 Arend 等(1991)提出的颜色恒常性指数 CI 来度量各颜色类别的颜色恒常性。在改进后的恒常性指数中，针对某一个颜色类别，标准色度值$\left(u'_{\mathrm{s}},v'_{\mathrm{s}}\right)$为观察者在参考白光下命名为此种颜色的所有色卡的 $u'v'$色度值的平均值，理论色度值$\left(u'_{\mathrm{p}},v'_{\mathrm{p}}\right)$为参考白光下命名为此种颜色的所有色卡在彩色光源

下理论计算得到的 $u'v'$ 色度值的平均值，匹配色度值 $(u'_{\mathrm{o}},v'_{\mathrm{o}})$ 为彩色光源下观察者实际命名为此种颜色的所有色卡的 $u'v'$ 色度值的平均值。因此，某一个颜色类别的颜色恒常性指数可通过下面的公式计算：

$$I=1-\frac{d_{\mathrm{op}}}{d_{\mathrm{sp}}} \tag{5-1}$$

式中，d_{op} 表示匹配色度值 $(u'_{\mathrm{o}},v'_{\mathrm{o}})$ 与理论色度值 $(u'_{\mathrm{p}},v'_{\mathrm{p}})$ 之间的欧氏距离；d_{sp} 表示标准色度值 $(u'_{\mathrm{s}},v'_{\mathrm{s}})$ 与理论色度值 $(u'_{\mathrm{p}},v'_{\mathrm{p}})$ 之间的欧氏距离。恒常性指数为 1，代表颜色恒常性达到 100%；恒常性指数为 0，代表颜色恒常性不存在。

角度偏移量 θ(如图 5-6 所示)也被用来与恒常性指数一起度量颜色恒常性的程度。角度偏移量 θ 的定义如下：

$$\theta=\arccos\frac{(u'_{\mathrm{o}}-u'_{\mathrm{s}})(u'_{\mathrm{p}}-u'_{\mathrm{s}})+(v'_{\mathrm{o}}-v'_{\mathrm{s}})(v'_{\mathrm{p}}-v'_{\mathrm{s}})}{d_{\mathrm{so}}d_{\mathrm{sp}}} \tag{5-2}$$

式中，d_{so} 表示标准色度值 $(u'_{\mathrm{s}},v'_{\mathrm{s}})$ 与匹配色度值 $(u'_{\mathrm{o}},v'_{\mathrm{o}})$ 之间的欧氏距离。角度越大，说明观察者在彩色光源下得到的匹配值越偏离理论值的方向，颜色恒常性越差；角度越小，说明匹配值越接近理论值的方向，颜色恒常性越好。

5.3 颜色命名结果分析

本节从四个方面来对颜色命名结果进行分析：首先对两次参考白光下的分类结果进行分析；其次对不同光源下各颜色类别的命名频率进行分析；之后在色度图中表示颜色分类的结果，并观察颜色恒常性表现；最后通过颜色恒常性指数定量地度量颜色恒常性的程度。

5.3.1 参考白光下的分类结果

由实验方法部分可知，每个观察者均参加了两次参考白光下色卡的颜色命名。理论上，每个颜色类别的质点(命名为此种颜色的所有色卡的 $u'v'$ 色度值的平均值)在两次实验结果中应该完全重合。表 5-5 所示为所有观察者在两次实验中得到的各颜色类别质点在 CIE1976 $u'v'$ 色彩空间中的欧氏距离。表中有的部分没有值，这是由于其中一次或两次参考白光实验中没有出现这个颜色类别。如果两次实验结果中某一颜色类别的质点完全重合，则欧氏距离为 0。由表 5-5 可知，大多数情况下，各颜色类别在两次实验结果中的质点之间的距离非常小，在 0.015 个单位以下，说明观察者对色卡的颜色分类过程比较稳定。某些观察者的分类结果中一些颜色类别上的质点之间的欧氏距离稍大，大约为 0.03 个单位，如观察者 #7、#8 和 #9 的红色类别，以及观察者 #7 和 #9 的粉色类别上的欧氏距离。导致这种情况的部分原因是在作为训练过程的第一次参考白光实验中，观察者对颜色分类任务还不太熟悉。此外，橙色类别质点之间的距离在观察者 #6、#7 和 #8 上均较大，其原因是命名为橙色的色卡数量较少，使得两次实验得到的质点不易趋于稳定。

表 5-5　各观察者在两次参考白光实验中得到的各颜色类别质点在 CIE1976 $u'v'$ 色彩空间中的欧氏距离

类别	#1	#2	#3	#4	#5	#6	#7	#8	#9
红色	0.005	0.001	0.013	0.007	0.008	0.005	0.027	0.029	0.028
绿色	0.004	0.001	0.008	0.004	0.013	0.005	0.006	0.007	0.002
蓝色	0.002	0.003	0.006	0.008	0.013	0.003	0.004	0.008	0.001
棕色	0.013	0.003	0.004	0.007	0.028	0.015	0.007	0.013	0.007
紫色	0.005	0.013	0.011	0.010	0.002	0.012	0.012	0.025	0.006
粉色	0.011	0.014	0.002	0.002	0.003	0.012	0.036	0.005	0.032
灰色	0.005	0.001	0.008	0.002	0.004	0.004	0.002	0.002	0.007
黄色	—	—	—	0.008	—	—	—	—	0.017
橙色	—	—	—	0.023	—	0.044	0.063	0.058	0.014

5.3.2　各颜色类别的命名频率

图 5-7(a)所示为红色和绿色光源实验中，在第二次参考白光、红色和绿色光源下各颜色类别色卡数占总的色卡数(240 个)的百分比。图中数据为 7 个观察者的平均值。图 5-7(b)所示为蓝色和黄色光源实验中，第二次参考白光、蓝色和黄色光源下各颜色类别色卡数占总的色卡数的百分比。图中数据为 5 个观察者的平均值。由图 5-7 可看出，被命名为绿色的色卡最多，大约占总色卡数

的 25%；被命名为灰色的色卡大约占总色卡数的 10%；橙色和黄色的色卡数最少，小于 5%。

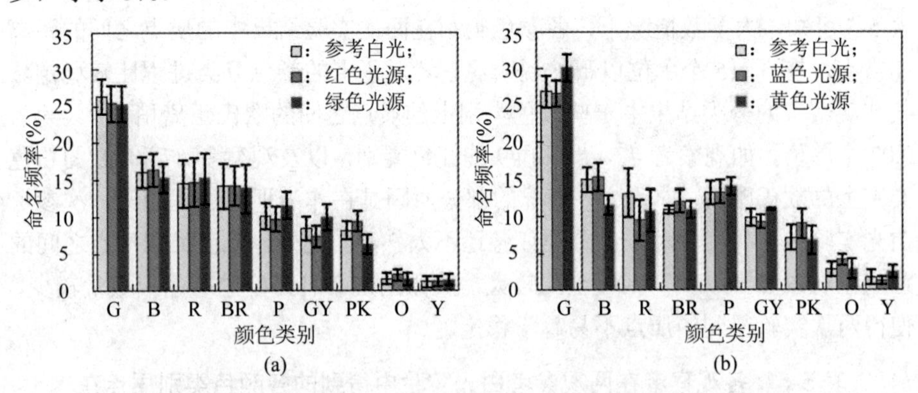

图 5-7　各颜色类别色卡数占总的色卡数(240 个)的百分比

说明：图 5-7 的横坐标中，G 表示绿色，B 为蓝色，R 为红色，BR 为棕色，P 为紫色，GY 为灰色，PK 为粉色，O 为橙色，Y 为黄色。后面颜色类别的缩写均与此相同。

图 5-8 显示了在参考白光下给定颜色类别的色卡在四种彩色光源下 9 个颜色类别上的命名频率。不同的子图对应参考白光下不同的颜色类别。黄色类别的数据是 2 个观察者的平均值，橙色是 4 个观察者的平均值。红色和绿色光源下其他颜色类别的数据是 7 个观察者的平均值，蓝色和黄色光源下其他颜色类别的数据是 5 个观察者的平均值。某一颜色类别的命名频率被定义为参考白光下某一颜色类别中的色卡在彩色光源下被命名为各颜色类别的数目所占的百分比。图 5-8 中的第一个图显示的是参考白光下红色类别的色卡在四种彩色光源下的命名情况。由图 5-8 中的第一个图可看出，大约 80%的色卡在四种彩色光源下仍然被命名为红色，剩下的色卡被命名为橙、棕、粉和紫色。如果颜色恒常性完全达到，则参考白光下某一颜色类别中的色卡在彩色光源下将仍然全部被命名为同一颜色；相反，如果颜色恒常性不存在，则某一颜色类别中的色卡在彩色光源下将按照它们的色度值来命名，导致分类结果受到光源颜色的影响。在这种情况下，各颜色类别的命名频率在四种彩色光源之间将会有很大不同。图 5-8 显示，除了黄色和橙色类别外，参考白光下各颜色类别中的大部分色卡在彩色光源下仍然被命名为同一颜色。绿色类别的命名在参考白光和彩色光源之间保持了相当的一致性，而蓝色类别中的一些色卡在黄色光源下倾向被命名为绿色。紫色类别中大约 80%的色卡在彩色光源下被命名为同一颜色。棕色类别中大约 70%的色卡在彩色光源下仍然是棕色。灰色类别中的一些色卡在

红色光源下被命名为棕色。黄色类别中的部分色卡在红色和蓝色光源下分别被命名为橙色和棕色。橙色类别中的部分色卡在绿色光源下被命名为棕色，在蓝色和黄色光源下被命名为红色。

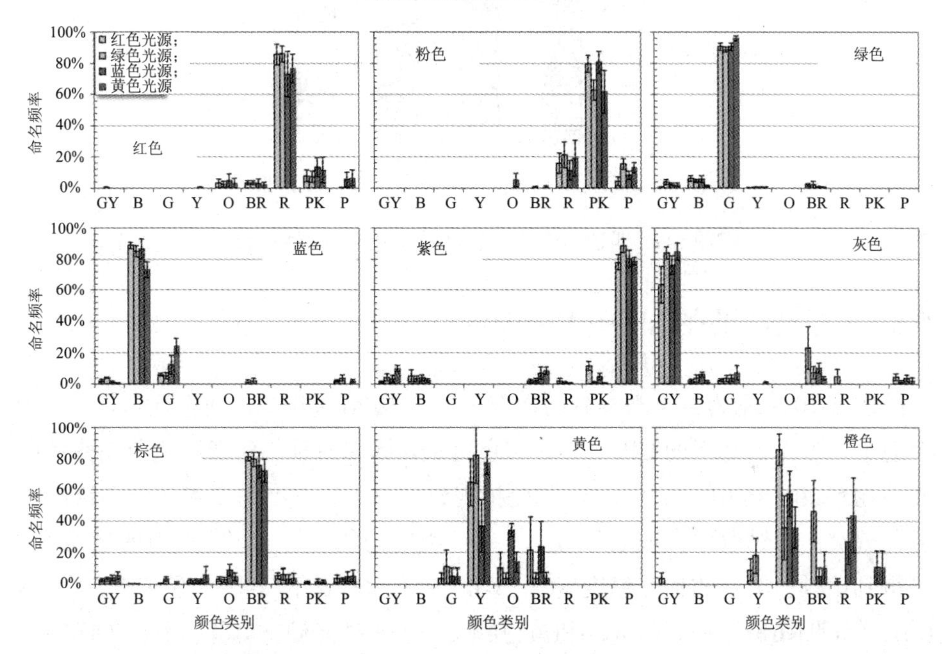

图 5-8　参考白光下给定颜色类别的色卡在四种彩色光源下 9 个颜色类别上的命名频率

颜色命名一致性指数在以往研究(Olkkonen et al.，2010)中被定义为在参考白光和彩色光源下被命名为同一种颜色的色卡数占总的色卡数(240 个色卡)的百分比，表示在给定的光源变化下各色卡的颜色命名的稳定程度。

图 5-9 所示为四种彩色光源下的颜色命名一致性指数。图 5-9 以第二次参考白光下的实验数据作为参考标准。图 5-9 显示，四种彩色光源下的颜色命名一致性指数均比较高，为 80%～85%。这个数据与以往在宽带光源下的研究(Olkkonen et al.，2010)所显示的大约 80%的颜色命名一致性指数相近。另外可以注意到，红色和绿色光源下的颜色命名一致性指数大约为 85%，明显高于蓝

色和黄色光源下的 80%。以光源为因素的单因素方差分析显示，光源颜色对颜色命名一致性指数具有显著的影响($F(3，20) = 3.173$，$P = 0.047$)，这意味着红色和绿色光源下的颜色命名一致性指数显著性地高于蓝色和黄色光源下的。

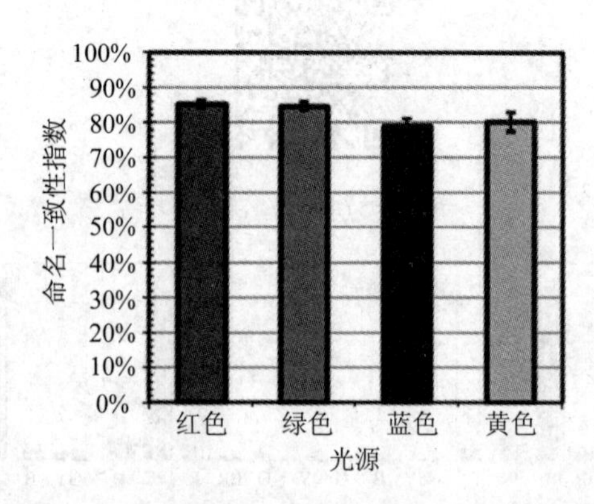

图 5-9　四种彩色光源下的颜色命名一致性指数

5.3.3　分类结果在色度图中的表示

图 5-10 所示为某一观察者的数据。图 5-10(a)～(d)中，浅色标志表示 240 个色卡在参考白光下的 CIE1976 $u'v'$色度值，标志的颜色代表该色卡在参考白光下由观察者给出的颜色分类，此处指观察者在第二次参考白光实验中给出的颜色分类；通过取所有被划分为同一颜色类别的色卡的 $u'v'$色度值的平均值，可得到该颜色类别的标准色度值(u_s, v_s)。深色标志表示 240 个色卡在红(见图(a))、绿(见图(b))、蓝(见图(c))和黄色(见图(d))四种光源下计算得到的 CIE1976 $u'v'$色度值，标志的颜色代表该色卡在彩色光源下由观察者给出的颜色分类；通过取所有被划分为同一颜色类别的色卡的 $u'v'$色度值的平均值，可得到该颜色类别的匹配色度值(u'_o, v'_o)。很明显，当光源从参考白光向彩色光源变化时，所有色卡的色度值也相应地发生了变化，如图 5-10(a)～(d)中深色标志相对于浅色标志发生了偏移。如果存在颜色恒常性，则观察者将按照色卡本身的反射率来识别色卡颜色，即使光源变化使得色卡表面的辐射光谱发生变化，但观察者识别到的色卡颜色不会变，在色度图中各颜色类别区域将随光源颜色的变化而发生偏移；如果没有颜色恒常性，则观察者将完全按照色卡表面的辐射光

谱(色度值)来识别色卡颜色，各颜色类别区域将不随光源颜色变化而发生偏移。从图 5-10(a)～(d)中观察可得，整体上各颜色类别区域均发生了偏移，说明存在一定的颜色恒常性。其他观察者的数据也均呈现出相同的趋势，即从参考白光变化到彩色光源时，各颜色类别区域发生了偏移，如图 5-11 到图 5-14 所示。

分类结果对比
(观察者#6)

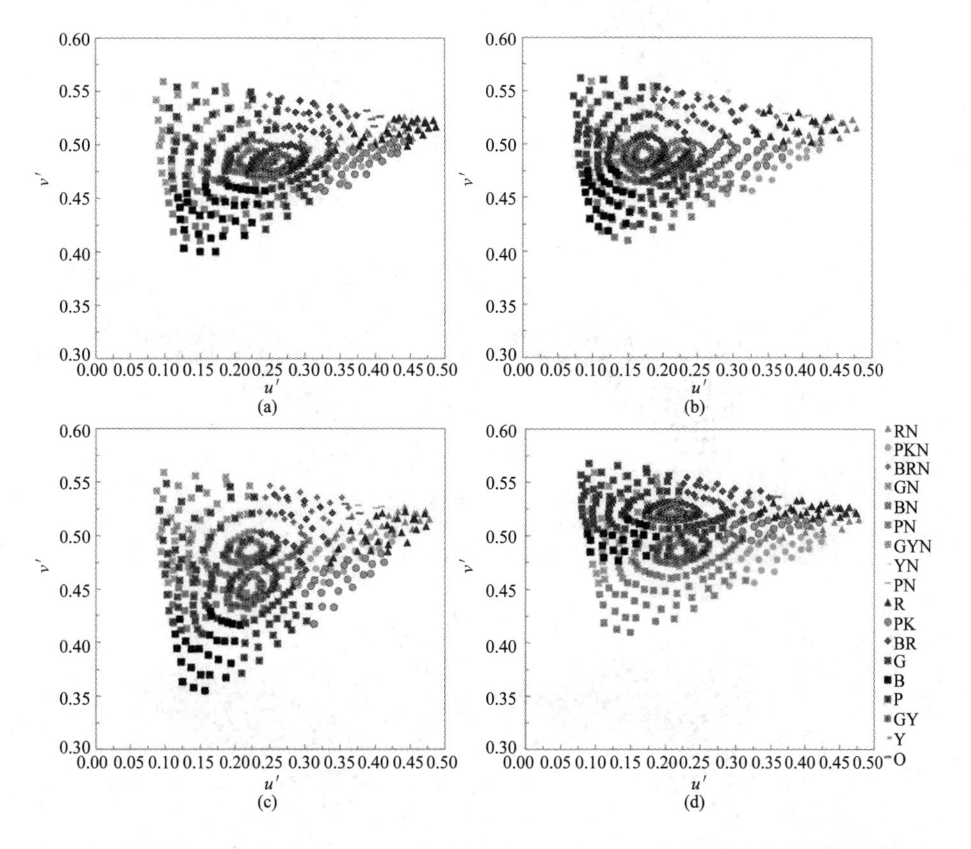

图 5-10　某一观察者在第二次参考白光下的分类结果与四种彩色光源下的分类结果的对比

说明：图(a)为与红色光源下的对比；图(b)为与绿色光源下的对比；图(c)为与蓝色光源下的对比；(d)为与黄色光源下的对比。图例中在颜色类别后面加 N，表示参考白光下的颜色类别。

分类结果对比(红光)

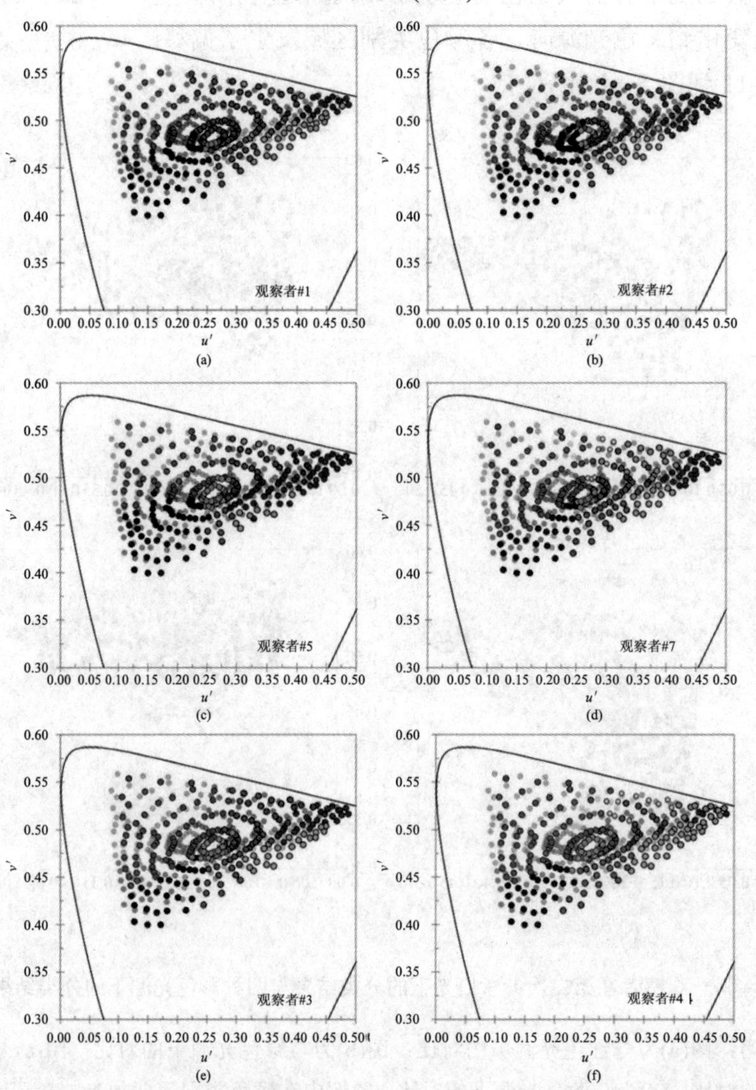

图 5-11　6 个观察者在参考白光和红色光源下的分类结果的比较

说明：没有边框的圆圈表示在参考白光下的分类结果，有边框的圆圈表示红色光源下的分类结果。符号的颜色对应它们所代表的颜色类别。

分类结果对比(绿光)

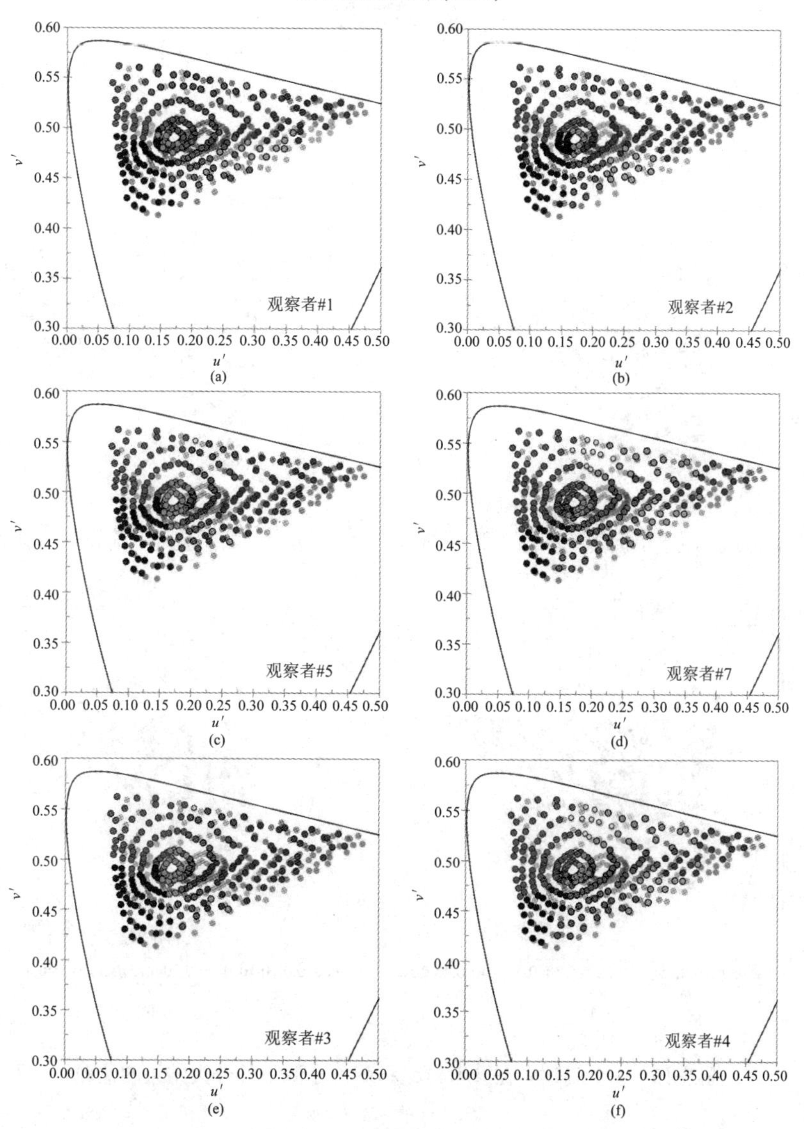

图 5-12　6 个观察者在参考白光和绿色光源下的分类结果的比较

说明：图中符号的含义与图 5-11 中的相同。

分类结果对比(蓝光)

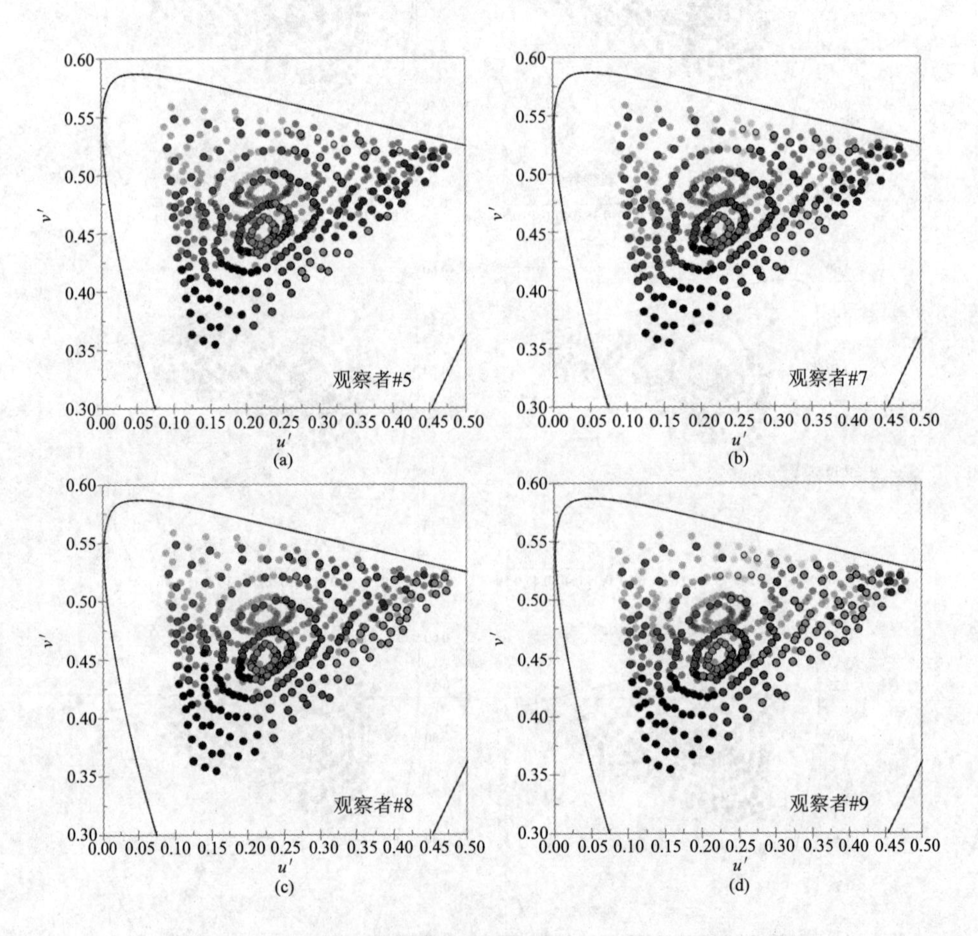

图 5-13　4 个观察者在参考白光和蓝色光源下的分类结果的比较

说明：图中符号的含义与图 5-11 中的相同。

分类结果对比(黄光)

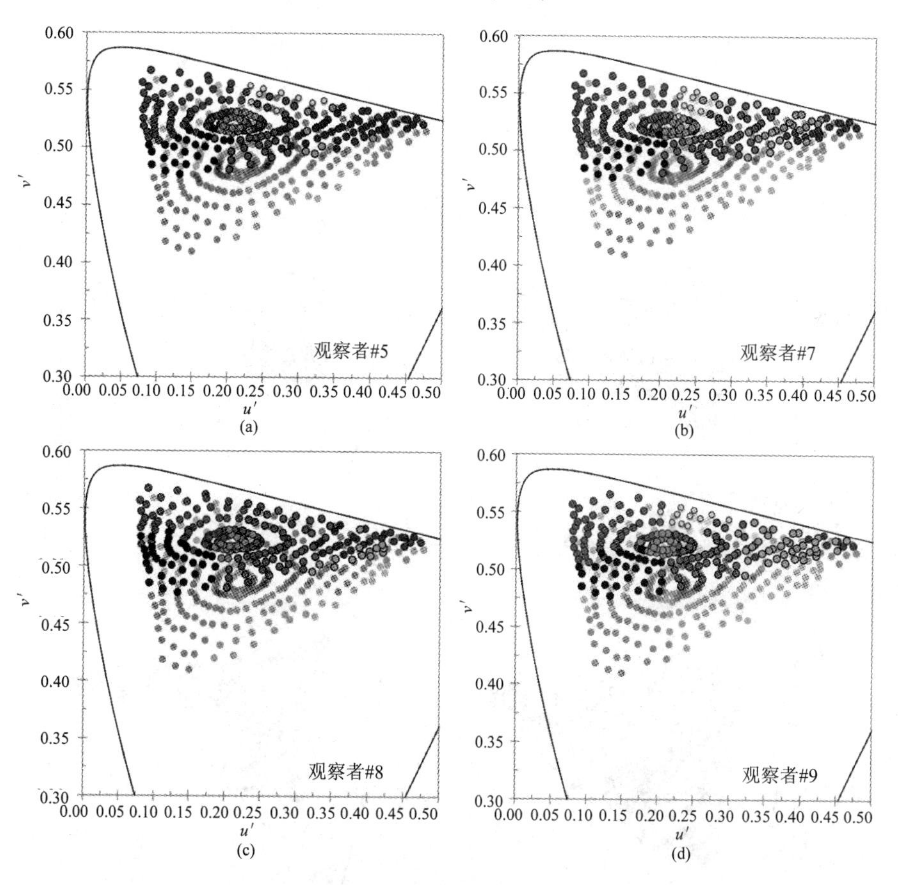

图 5-14　4 个观察者在参考白光和黄色光源下的分类结果的比较

说明：图中符号的含义与图 5-11 中的相同。

图 5-15 显示了所有观察者在红(图(c))、绿(图(d))、蓝(图(e))和黄色(图(f))光源下的分类结果。作为对比，所有观察者在参考白光下的分类结果也被标出(见图(a)和(b)，在图(c)～(f)中以没有边界的圆圈表示)。图中圆圈的大小代表将这个色卡命名为这种颜色的观察者的数量：最大的圆圈代表所有观察者均指定这种颜色给这个色卡，而最小的圆圈表示只有 1 位观察者指定这种颜色给这个色卡。

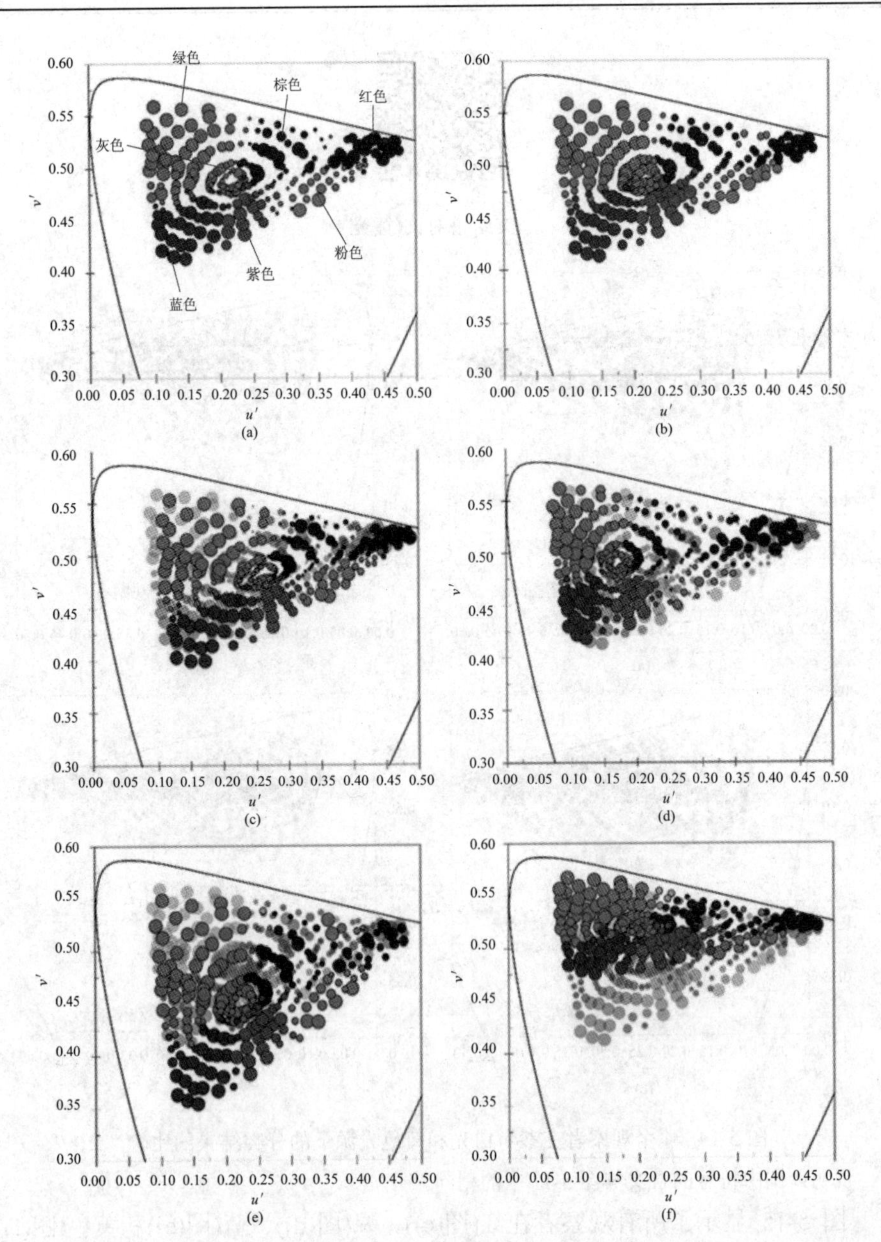

图 5-15　所有观察者在参考白光和四种彩色光源下的分类结果的对比

说明：图(a)表示参加红-绿颜色光源实验的 7 个观察者在参考白光下的分类结果；图(b)表示参加蓝-黄颜色光源实验的 5 个观察者在参考白光下的分类结果；图(c)、(d)、(e)和(f)分别表示红色、绿色、蓝色和黄色光源下的分类结果。

分类结果对比(所有观察者)

每个色卡被命名为同一种颜色的观察者数量可以在 1 到 7 的范围内(红色和绿色光源下)和 1 到 5 的范围内(蓝色和黄色光源下)变化。最理想的情况是每个色卡被所有观察者都命名为同一种颜色。因此，可以用一个指数来表示颜色命名在观察者之间的一致性，指数的计算方式为每个色卡被命名为同一种颜色的观察者数量除以所有观察者数量。例如，某一色卡的指数为 1/7(或蓝色和黄色光源下的 1/5)表示这个色卡只有一个观察者命名为此种颜色，指数为 1 表示所有观察者命名为此种颜色。各颜色类别上的指数如表 5-6 所示。

表 5-6　所有光源下各颜色类别在观察者之间的命名一致性指数

光源	颜色类别								
	灰色	蓝色	绿色	黄色	橙色	棕色	红色	粉色	紫色
白光(红-绿)	0.367	0.600	0.708	0.182	0.191	0.386	0.473	0.439	0.509
红色	0.366	0.612	0.713	0.186	0.200	0.367	0.468	0.450	0.506
绿色	0.394	0.596	0.689	0.195	0.196	0.337	0.481	0.397	0.444
白光(蓝-黄)	0.486	0.604	0.745	0.284	0.322	0.511	0.549	0.498	0.573
蓝色	0.427	0.630	0.746	0.230	0.296	0.479	0.501	0.458	0.577
黄色	0.457	0.535	0.779	0.302	0.254	0.486	0.528	0.344	0.598

图 5-15(c)～(f)显示各颜色类别区域随着光源从参考白光变化到红、绿、蓝和黄色光源而发生了移动，说明存在一定程度的颜色恒常性。从图中还能注意到，在颜色命名任务中并不是所有观察者都使用橙色和黄色。在参加红色和绿色光源实验的 7 个观察者中，在参考白光下有 4 个观察者(#4～#7)使用了橙色，2 个观察者(#4 和 #7)使用了黄色。在参加蓝色和黄色光源实验的 5 个观察者中，在参考白光下有 4 个观察者(#6～#9)使用了橙色，2 个观察者(#7 和#9)使用了黄色。

5.3.4　颜色恒常性指数和角度偏移量

在图 5-10 所示数据的基础上，可根据式(5-1)计算出每个观察者在四种彩色光源下各颜色类别上的颜色恒常性指数。图 5-16(a)所示为四种彩色光源下各颜色类别在所有观察者上的平均颜色恒常性指数。值得注意的是，由于实验中只有 2 个观察者使用黄色和 4 个观察者使用橙色，因此黄色和橙色的数据为 2 个和 4 个观察者的平均值。由图 5-16(a)中的误差线可看出，在绿色光源下，在所有颜色类别上，各观察者之间的颜色恒常性指数差异非常小；在红色光源下，在除了橙色之外的其他颜色类别上，各观察者之间的差异也非常小；在蓝色和黄色光源下，各观察者之间在棕、红和橙色类别上的差异较大，在其他类别上的差异较小。

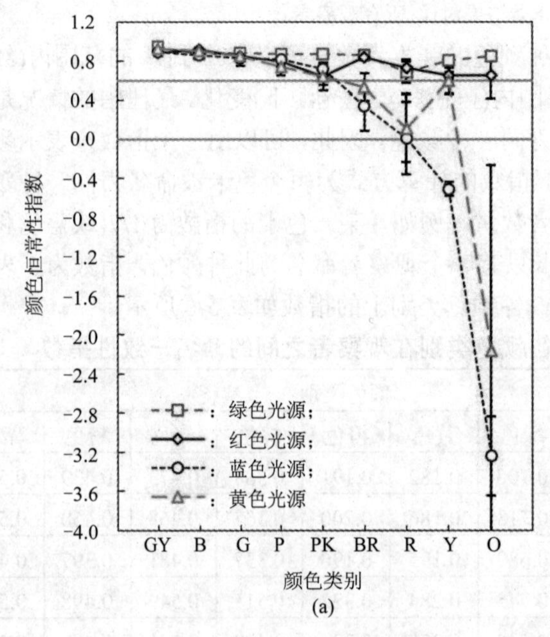

(a)

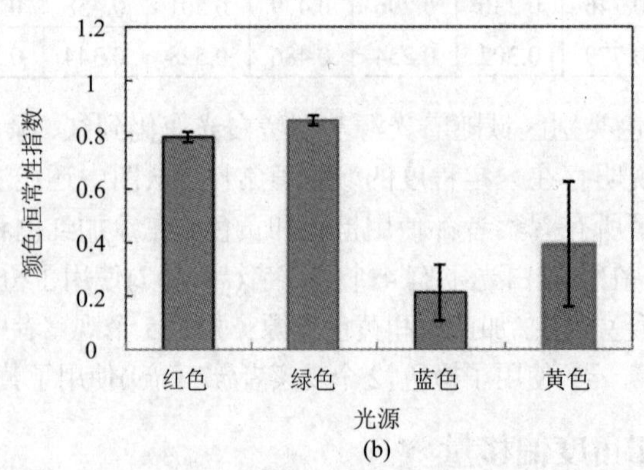

(b)

图 5-16　颜色恒常性指数

颜色恒常性指数

说明：图(a)表示四种彩色光源下各颜色类别上的恒常性指数；图(b)表示四种彩色光源下总的恒常性指数。误差线表示均值的标准误差(SEM)。图(a)中误差线不可见的地方表示误差线小于符号的大小。

基于宽带光源的分类颜色恒常性研究(Olkkonen et al.，2009)表明，在所有颜色类别上最低的恒常性指数稍大于 0.6，所以图 5-16(a)中把 0.6 作为一个比较标准。由图 5-16 可看出，在所有光源下灰、绿、蓝、紫和粉色的恒常性指数均较高，大于或等于 0.6。棕、红、黄和橙色类别的恒常性指数在红色和绿色光源下较高，大于或等于 0.6。在蓝色光源下，棕色类别的指数低于 0.6，表明颜色恒常性较差；红色类别的指数几乎为 0，表明颜色恒常性基本不存在；黄色和橙色类别的指数为负值，说明颜色恒常性已经失效。在黄色光源下，棕、红和橙色类别的表现与蓝色光源下类似，而黄色类别的表现不同，有较高的恒常性指数。蓝色和黄色光源下，部分颜色类别的指数几乎为 0 或者为负值，这是由于从参考白光变化到这两种彩色光源时，光谱变化所引起的这些颜色类别质点的变化非常小，即图 5-6 中的 d_{sp} 值或者式(5-1)中的 d_{sp} 值非常小。

图 5-16(b)所示为四种彩色光源下总的颜色恒常性指数，数据为所有颜色类别和观察者上的平均值。由图中可看出，蓝色和黄色光源下的颜色恒常性指数明显低于红色和绿色光源下的颜色恒常性指数。由误差线可看出，蓝色和黄色光源下各观察者之间的颜色恒常性指数差异较大，远大于红色和绿色光源下的颜色恒常性指数。

图 5-17(a)所示为四种彩色光源下各颜色类别在所有观察者上的平均角度偏移量。由图 5-17(a)可看出，红色和绿色光源下所有颜色类别上的角度偏移量均较小，蓝色光源下棕、红、黄和橙色类别上的角度偏移量较大，黄色光源下棕、红和橙色类别上的角度偏移量较大。图 5-17(b)显示蓝色和黄色光源下的角度偏移量明显大于红色和绿色光源下的角度偏移量。

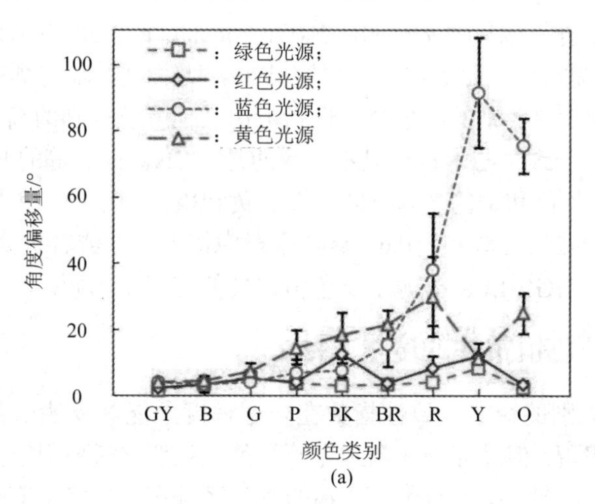

(a)

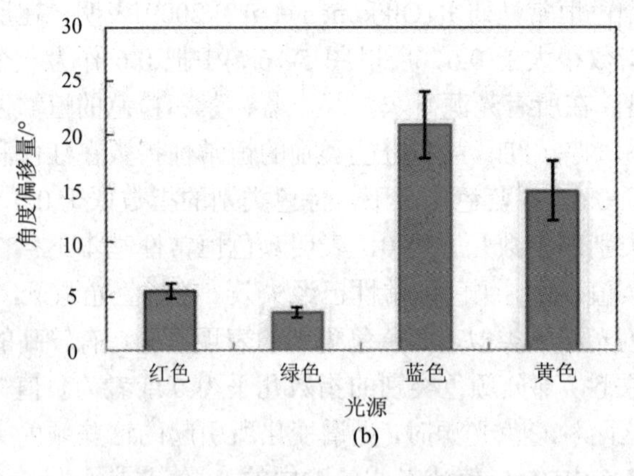

图 5-17　角度偏移量

角度偏移量

说明：图(a)表示四种彩色光源下各颜色类别上的角度偏移量；图(b)表示四种彩色光源下总的角度偏移量。误差线表示均值的标准误差(SEM)。

图 5-16 和图 5-17 共同表明：红色和绿色光源下，颜色恒常性在所有颜色类别上表现较好；蓝色光源下，颜色恒常性在棕、红、黄和橙色类别上表现较差；黄色光源下，颜色恒常性在棕、红和橙色类别上表现较差。此外，四种彩色光源下的颜色恒常性指数按从大到小排序依次为：绿色光源 > 红色光源 > 黄色光源 > 蓝色光源。

5.4　RGB-LED 光源下的分类颜色恒常性

已有的关于分类颜色恒常性的研究(Olkkonen et al.，2009；Olkkonen et al.，2010)主要在传统宽带光源下进行，研究结果表明灰色类别的颜色恒常性指数最高，绿、蓝和紫色类别的颜色恒常性指数比其他颜色类别的高，这个结果与本章的实验结果一致。与本章结果不一致的是，Olkkonen 等的两项研究(2009 和 2010)发现，蓝色和黄色光源下红、棕、黄和橙色类别的颜色恒常性指数与其他颜色类别的接近，均大于 0.6，这与本章中接近于 0 或者负值的情况不同。本节将主要讨论 RGB-LED 光源下颜色恒常性的若干个问题。

5.4.1　分类颜色恒常性的度量方法

每个颜色类别的命名一致性指数在一定程度上能够反映出各颜色类别上的颜色恒常性表现，但是应该注意到光源颜色发生变化时所引起的色卡的色度值的变化很可能不够大，使得色卡所在的颜色区域在光源发生变化时不发生改变(Olkkonen et al.，2009；Olkkonen et al.，2010)。这种现象使得一个具有较高命名一致性指数的颜色类别不一定具有同等程度的颜色恒常性。

因此，为了度量分类颜色恒常性的程度，最好使用基于颜色空间的度量方法。Troost 等(1991)通过一个值 BR(Brunswik Ratio)来度量非对称颜色匹配实验获得的颜色恒常性。在 Olkkonen 等(2010)的研究中，灰色类别的颜色恒常性程度通过类似于 BR 的颜色恒常性指数来度量。由于显示器色域的限制，彩色类别的颜色恒常性(Olkkonen et al.，2009)通过测量各颜色类别在光源变化时的边界移动量来度量。在 BR 中，值 1 表示 100%的颜色恒常性，意味着匹配值与理论值完全重合。在实际中，颜色恒常性一般不能达到 100%，只能达到部分。在 BR 中，部分颜色恒常性用小于 1 或大于 1 的值来表示。在 Arend 等(1991)提出的用来度量非对称颜色匹配实验获得的颜色恒常性的指数 CI(Constancy Index)中，部分颜色恒常性用 0 到 1 之间的值来表示。本次实验中采用的是 Arend 等(1991)提出的颜色恒常性指数 CI，其中，计算公式中的色度点被替换为了各颜色类别的质点。

5.4.2　棕、红、橙和黄色类别的颜色恒常性指数

在本次实验中，只有两个和四个观察者分别使用了黄色和橙色来命名色卡颜色。在参考白光实验的分类结果中，所有颜色类别中被命名为黄色和橙色的色卡数量是最少的，仅占总色卡的 4%和 3%。

在以往采用宽带宽光源的研究(Olkkonen et al.，2010)中，具有最高饱和度的 40 个色调和从明度值 2/到 9/的所有亮度水平上的 Munsell 色卡被用作实验刺激物。在所有观察者的平均分类结果中，明度值为 5/的最高饱和度的色卡没有被命名为黄色的，有被命名为橙色的；黄色类别只存在于明度值为 7/到 9/的较高亮度水平上的色卡中。这意味着即使在宽带宽光源下，明度值为 5/的 Munsell 色卡也很少被命名为黄色。

Van Der Burgt 和 Van Kemenade(2010)发现，由三色窄带 LED 组成的光谱的光源会导致被照射色卡的色调向 3 个波长方向偏移。这说明 RGB-LED 光源下色卡的色度坐标向红色和绿色的方向移动，而在黄色区域一些色卡的坐标向图中心移动，即色卡在 RGB-LED 光源下与在 D65 光源下相比更偏红或者绿，而少黄色，结果导致宽带宽光源下命名为黄色的色卡在 RGB-LED 光源下倾向被命名为棕色，而橙色的色卡倾向被命名为棕色或者红色。

由于在红色和绿色光源下棕、红、黄和橙色类别的颜色恒常性指数较高，所以以下主要讨论蓝色和黄色光源下这些颜色类别上的颜色恒常性指数。通过

在 CIE1976 $u'v'$色彩空间中计算这些颜色类别的标准色度值和理论色度值之间的距离 d_{sp} 发现，当光源从参考白光变化到蓝色或黄色光源时，d_{sp} 值太小，即所引起的这些颜色类别质点的色度偏移量不够大，观察者在蓝色和黄色光源下对光源的变化很容易做出过度补偿。图 5-18 和图 5-19 分别显示了从参考白光变化到蓝色和黄色光源时各颜色类别质点的色度偏移量，以及各颜色类别在所有饱和度水平上质点的色度偏移量。图 5-18 显示，蓝色光源下橙色类别的 d_{sp} 值接近 0.01 个单位，红色和黄色类别的值在 0.01 和 0.02 个单位之间，棕色类别的值接近 0.02 个单位，在黄色光源下红色和橙色类别的 d_{sp} 值介于 0.01 和 0.02 个单位之间。图 5-19 显示蓝色光源下棕、红、黄和橙色类别的 d_{sp} 值随着饱和度水平的增加而逐渐降低到了大约 0.01 个单位，黄色光源下红色和橙色类别的值也降低到了 0.01 个单位。

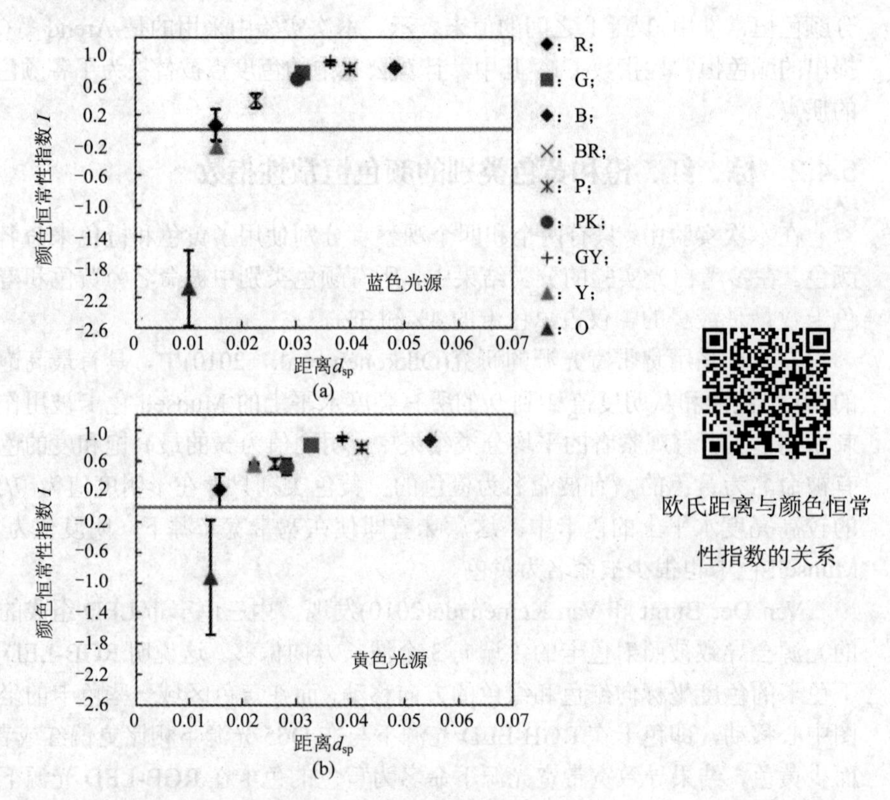

图 5-18　蓝色和黄色光源下各颜色类别上标准色度值和理论色度值之间的欧氏距离 d_{sp} 与颜色恒常性指数的关系

说明：误差线表示标准误差(SEM)，误差线不可见的地方表示误差小于符号的大小。

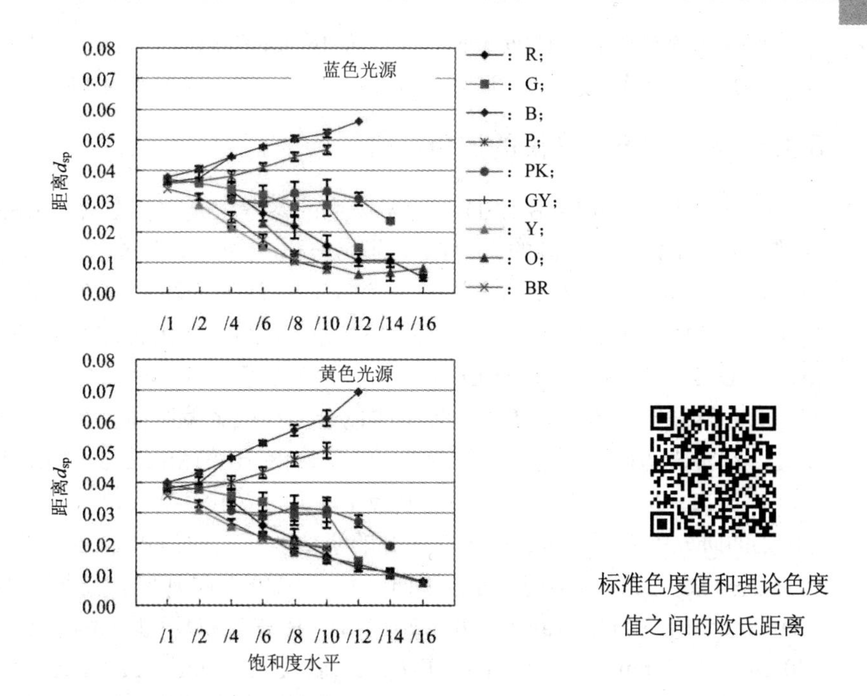

图 5-19　蓝色和黄色光源下各颜色类别所有饱和度水平上的标准色度值和理论色度值之间的欧氏距离 d_{sp}

图 5-20 显示了蓝色光源下棕色和红色类别在各饱和度水平上的颜色恒常性指数。图 5-20 表明棕色的负指数值出现在饱和度水平/8 和/10 上，红色的低指数值出现在饱和度水平/8、/10、/12 和/14 上。棕色类别上出现负指数值是因为：一些较高饱和度水平上的色卡被分类为橙色和黄色，而不是棕色，如果棕色类别中的色卡数有限的话，则会导致棕色类别的质点为意想不到的值，从而引起饱和度水平/8 和/10 上的颜色恒常性指数值为负值。红色类别的低指数值可能是因为红色色卡在蓝色光源下被认为是粉色的(见图 5-8)。

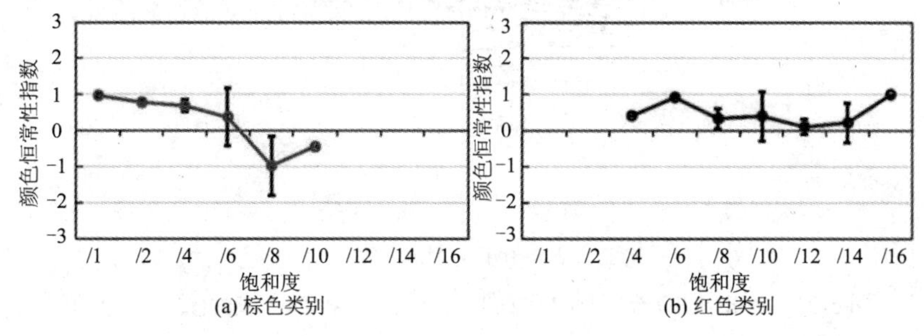

图 5-20　蓝色光源下棕色和红色类别在各饱和度水平上的颜色恒常性指数

说明：没有观察者将饱和度水平/12、/14 和/16 上的色卡命名为棕色，将饱和度水平/1 和/2 上的色卡命名为红色。没有误差线的数据点表示只有一个观察者的数据。

5.4.3 RGB-LED 光源的显色特性

本次实验中，由 RGB-LED 光源所产生的参考白光的色度值与 D65 光源的一致，但 RGB-LED 光源的光谱在大约 465 nm、520 nm 和 625 nm 处存在三个波峰，即 RGB-LED 光源所产生的参考白光和 D65 光源是同色异谱。图 5-21 所示为 RGB-LED 光源所产生白光和 D65 光源下 240 个 Munsell 色卡的 CIELAB 值。与 D65 光源相比，RGB-LED 光源下大多数色卡的色度值向红色和绿色方向偏移，这意味着 RGB-LED 光源下的色卡偏红或者偏绿而少黄。与日光光源相比，窄带光谱确实增加了红绿饱和度和红绿对比度(McCann et al.，1976；Li et al.，2012；Mahler et al.，2009；Royer et al.，2012；Worthey，2003)。Li 等(2012)的研究中采用的 RGB-LED 光源的峰值波长大约为 453、515 和 630 nm，而显色指数为 31，其对应的色域向红色和绿色方向延伸。在另外两项研究(Mahler et al.，2009；Royer et al.，2012)中，RGB-LED 光源的峰值波长分别为 450 nm、520 nm 和 635 nm(CIE-R_a=22)以及 452 nm、527 nm 和 644 nm (CIE-R_a=23)，在这两种 RGB-LED 光源下色卡的色度值与在日光光源下的色度值相比也向红色和绿色方向偏移了。

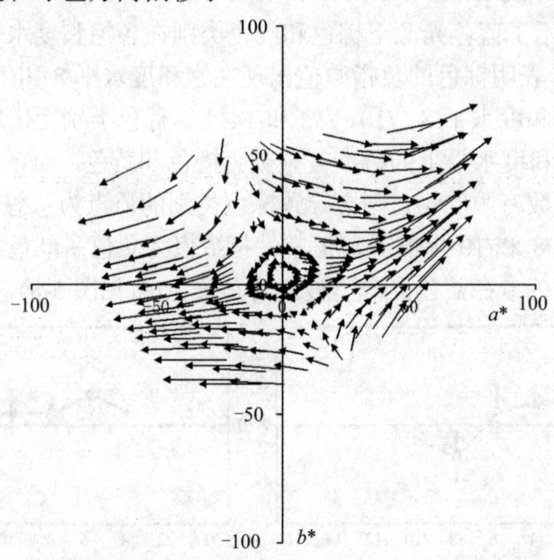

图 5-21　RGB-LED 光源所产生白光(箭头表示)和 D65 光源(箭尾表示)下 240 个 Munsell 色卡的 CIELAB 值

本次实验证明，除了蓝色和黄色光源下少数颜色类别外，其他大多数情况下的颜色恒常性较好，这与一开始的假设不同，即由于 RGB-LED 光源的显色指数较低，因此其对应的颜色恒常性也一定较差。RGB-LED 光源下颜色恒常性的存在可能正是由于其增加了红绿颜色的对比度和饱和度。

那么，RGB-LED 光源的三色 LED 的峰值波长取什么值时对应的颜色恒常性最好呢？Worthey(2003)的研究表明，波长 450 nm、540 nm 和 610 nm 对刺激正常色觉系统最有效。预计三色 LED 的峰值波长位于其附近时显色性最好，对应的观察者的颜色恒常性表现也最好。Van Der Burgt 和 Van Kemenade(2010)发现，由三色窄带 LED 组成的光谱的光源会导致被照射色卡的色调向 3 个波长方向偏移。因此，三色 LED 的峰值波长还不能偏离 450 nm、540 nm 和 610 nm 太多，否则被照射色卡的颜色将看起来太红或太绿。例如，当红色 LED 的峰值波长移动到 635 nm 和 644 nm 时，观察者的颜色辨别能力会下降(Mahler et al.，2009；Royer et al.，2012)。颜色辨别能力的下降会直接导致颜色恒常性变差。

为了检测其他 RGB-LED 光源的显色特性，从商业市场上购买了 5 个 RGB-LED 光源：光源 1(凯利特(北京)电子科技有限公司，中国北京)、光源 2(深圳吉海仕科技有限公司，中国深圳)、光源 3(宁波升谱光电有限公司，中国宁波)、光源 4(福州永德吉照明有限公司，中国福州)和光源 5(上海三思科技有限公司，中国上海)。它们的光谱辐射由光谱辐射度计 PR-715 测量得到。图 5-22 所示为 5 个 RGB-LED 光源规范化后的相对光谱能量分布。表 5-7 所示为这些光源对应的 CIE-R_a 值和红、绿、蓝三色 LED 的峰值波长。从图 5-22 和表 5-7 中可看出，5 个光源的三色 LED 的峰值波长与本次实验中所采用光源的略有不同，5 个 RGB-LED 光源的 CIE-R_a 值比本实验中光源的高。

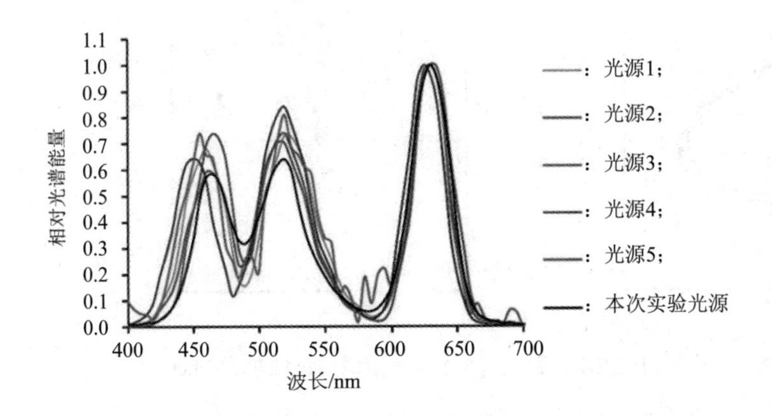

图 5-22　市场上购买的 5 个 RGB-LED 光源的相对光谱能量分布　　五个光源的光谱分布

表 5-7　市场上购买的 5 个 RGB-LED 光源的 CIE-R_a 值和红、绿、蓝光 LED 的峰值波长

光源	峰值波长			CIE-R_a
	蓝	绿	红	
本次实验光源	465 nm	520 nm	625 nm	30
光源 1	460 nm	524 nm	632 nm	46
光源 2	464 nm	516 nm	632 nm	33
光源 3	468 nm	516 nm	628 nm	38
光源 4	452 nm	520 nm	624 nm	45
光源 5	456 nm	520 nm	628 nm	56

图 5-23(a)所示为 5 个 RGB-LED 光源、本次实验光源以及 D65 光源照射下 8 个 Munsell 色卡所组成的色域；图(b)所示为在这些光源下 Macbeth 色板上 24 个 Munsell 色卡的色度值。从图 5-23 可看出，5 个 RGB-LED 光源下色卡的色度值与 D65 光源下不同，但与本次实验所用的 RGB-LED 光源下的色度值接近。

五个光源的色域

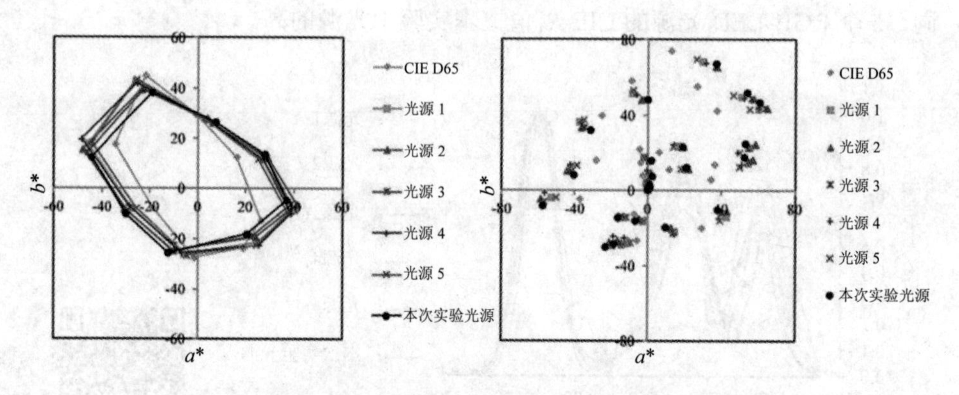

图 5-23　5 个 RGB-LED 光源下由 8 个色卡组成的色域和 Macbeth ColorChecker 中 24 个 Munsell 色卡的色度值

5.4.4　其他 RGB-LED 光源下的颜色恒常性

本章研究结果表明，RGB-LED 光源下的颜色恒常性既不像其显色性预示的那么差，也不像传统宽带光源下的那么好，而取决于光源色度。红色和绿色光源下，颜色恒常性表现接近于传统宽带光源。蓝色光源下，棕、红、黄和橙色的颜色恒常性较差。黄色光源下，棕、红和橙色的颜色恒常性较差。蓝色和黄色光源下其他颜色类别上的颜色恒常性表现接近于传统宽带光源。

本次实验结果是基于某一具有特定峰值波长和特定带宽的 RGB-LED 光源得到的。实际中，不同的 RGB-LED 光源的峰值波长和带宽会不同，从而显色性也会有所不同。如果 RGB-LED 光源的显色性接近本次实验光源，则预计颜色恒常性表现也将与本次实验结果相似；如果显色性远差于本次实验光源，或者介于本次实验光源与宽带光源之间，则它们的颜色恒常性表现还需要进一步进行实验验证。

RGB-LED 光源的显色性取决于红、绿、蓝三色 LED 的带宽和峰值波长。带宽的影响比较清晰：当带宽足够宽时，RGB-LED 光源的显色性接近于日光光源；当带宽较窄时，会导致被照射的色卡的色调向红、绿、蓝 LED 的主波长的色调方向偏移。以下主要讨论与本次实验光源显色性接近的 RGB-LED 光源的可能峰值波长范围。此处，保持红、绿和蓝色 LED 的带宽与本次实验中的 RGB-LED 光源相同，即分别为 36 nm、45 nm 和 40 nm，主要考虑红、绿、蓝光峰值波长的影响。利用高斯分布模拟三种色光的光谱，将三种色光光谱组合使得光源色度等于 D65 光源的色度。计算 240 个 Munsell 色卡在模拟光谱下的 CIE L^*、a^*、b^*值和本次实验光源所产生的白光(色度值与 D65 光源的相同)下的 CIE L^*、a^*、b^*值，并通过公式(5-3)计算它们之间的色差 ΔE^*_{ab}：

$$\Delta E^*_{ab} = \sqrt{\left(\Delta L^*\right)^2 + \left(\Delta a^*\right)^2 + \left(\Delta b^*\right)^2} \tag{5-3}$$

图 5-24(a)显示了当蓝色 LED 的峰值波长取 430 nm、440 nm、450 nm、460 nm 和 470 nm，而红色和绿色 LED 的峰值波长与本次实验光源一致(分别为 625 nm 和 520 nm)时，240 个色卡在模拟光源与本次实验光源下的色差值。

240 个色卡上的色差值

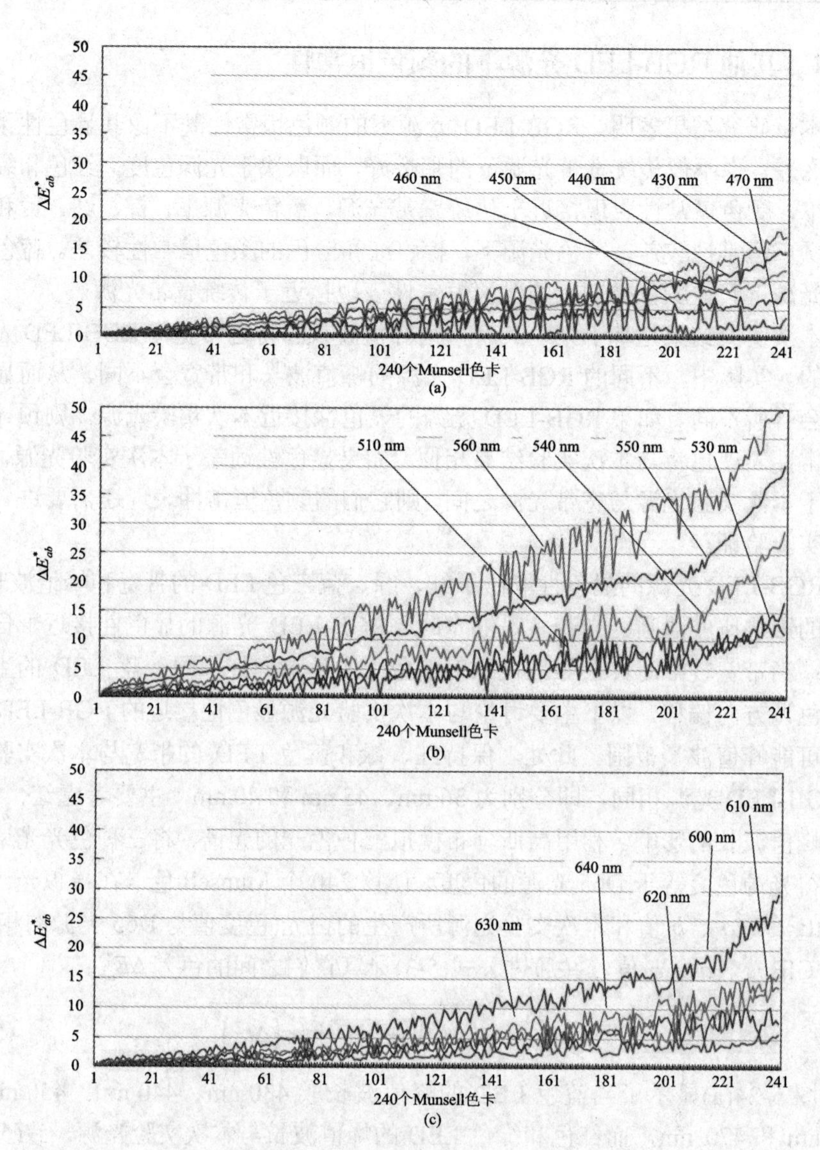

图 5-24　当蓝、绿和红光 LED 取不同峰值波长时，240 个 Munsell 色卡在模拟光源和本次实验光源下的色差 ΔE^*_{ab}

说明：图 5-24 中，横坐标上的色卡按色差值 ΔE^*_{ab} 从小到大排序。

当蓝色 LED 的峰值波长为 460 nm 和 470 nm 时，色差基本上都很小(所有色卡上的平均值为 3.24 和 1.99 个单位)；当峰值波长为 450 nm 时，色差值中等(平均值为 4.49)；当峰值波长为 440 nm 和 430 nm 时色差值相对较大(平均为 5.59 和 6.71

个单位)。图 5-24(b)显示当绿色 LED 的峰值波长取 510 nm、530 nm、540 nm、550 nm 和 560 nm，而红色和蓝色 LED 的峰值波长与本次实验光源一致(分别为 625 nm 和 465 nm)时，240 个色卡在模拟光源与本次实验光源下的色差值。很明显，与蓝色 LED 相比，绿色 LED 峰值波长的变化可以导致更大的色差。当绿色 LED 的峰值波长为 510 nm 或者 530 nm 时，对应的色差值最小(平均为 4.87 和 5.03 个单位)；当绿色 LED 的峰值波长为 540 nm、550 nm 和 560 nm 时，色差值较大(平均分别为 9.06、13.95 和 19.48 个单位)。图 5-24(c)显示当红色 LED 的峰值波长取 600 nm、610 nm、620 nm、630 nm 和 640 nm，而蓝色和绿色 LED 的峰值波长与本次实验光源一致时，240 个色卡在模拟光源与本次实验光源下的色差值。从图 5-24(c)中可看出，当峰值波长取值依次为 620 nm、630 nm、610 nm、640 nm 和 600 nm 时，色差值逐渐增大(平均值依次为 2.23、3.83、4.55、5.65 和 9.33)。

图 5-25(a)所示为当绿光和红光 LED 的峰值波长与本次实验 LED 光源相同(分别为 520 nm 和 625 nm)，蓝光 LED 的峰值波长取不同值时，240 个 Munsell 色卡在模拟光谱和本次实验白光下的色差的平均值。图中，当蓝光 LED 的峰值波长为 440～480 nm 时，240 个色卡上的平均色差都在 6 以内。其中，峰值波长为 440 nm 时，色差最大，接近于 6；峰值波长为 470 nm 和 475 nm 时色差最小，接近于 2。图 5-25(b)所示为当红光和蓝光 LED 的峰值波长与本次实验 LED 光源相同(分别为 625 nm 和 465 nm)，绿光 LED 的峰值波长取不同值时对应的在 240 个色卡上的色差平均值。由图 5-25(b)可看出，绿光 LED 的峰值波长的变化所引起的色差与蓝光 LED 相比较大。只有峰值波长为 510 nm、515 nm、525 nm 和 530 nm 时，240 个色卡上的平均色差小于 6，其中在 515 nm 处，平均色差为 3。图 5-25(c)为当红光 LED 的峰值波长取不同值时对应的平均色差。当峰值波长为 615 nm、620 nm 和 630 nm 时，色差小于 4；当峰值波长为 605 nm、610 nm、635 nm、640 nm 和 645 nm 时，平均色差为 4.5～6.6。

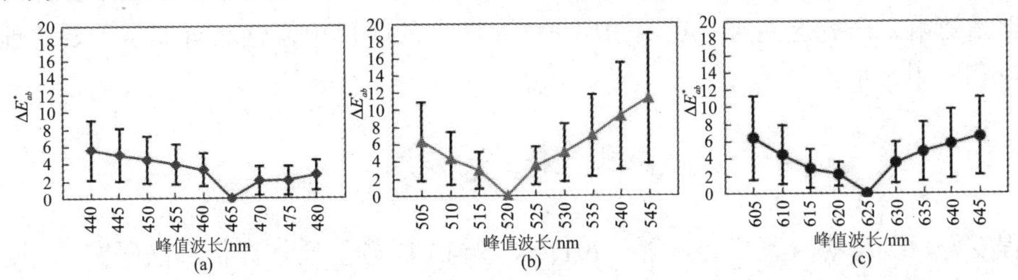

图 5-25　当蓝、绿和红光 LED 取不同峰值波长时，240 个 Munsell 色卡在模拟光谱和本次实验白光下的色差的平均值

说明：图 5-25 中，误差线表示标准误差。

根据色差与视觉感受之间的关系(廖宁放 等，2009)，当色差为 3～6 时，视觉感受为感觉到，可以接受；当色差小于 3 时，视觉感受为刚刚感觉到。结合图 5-25 所示的结果，当蓝、绿、红光 LED 的峰值波长围绕本次实验 RGB-LED 光源的峰值波长小范围变动时，预计对应的 RGB-LED 光源下的颜色恒常性表现将接近本次实验的结果。表 5-7 所示的从市场上购买的 5 个 RGB-LED 光源就是这种情况。

大多数颜色恒常性相关的研究是在光源沿着普朗克轨迹变化的情况下进行的，我们在日常生活中经历的颜色恒常性也是光源沿着普朗克轨迹变化的。当光源沿着普朗克轨迹变化时，主要改变的是 *S* 锥体刺激量，这与本次实验中从白光变化到蓝色和黄色光源类似。因此，预计当 RGB-LED 光源的色度沿着普朗克轨迹变化时，棕、红、橙和黄色类别的颜色恒常性指数仍然不会太好。相反，这些类别在由多个 LED 组成的宽带宽 LED 光源(Gu et al.，2017；Wei et al.，2017)下可能会具有较好的颜色恒常性。综上所述，从本次实验可得出，尽管 RGB-LED 光源具有色度和光照强度容易调整的优势，但在颜色恒常性研究中用来产生蓝黄色光源或者色温在 8000 K 以上的日光光源时并不具有优势。例如，在商店橱窗展示中，应该尽量避免使用 RGB-LED 灯来产生蓝色和黄色光源，因为它们会在某些颜色类别上产生较差的颜色恒常性。

本次实验一方面为 RGB-LED 光源下真实场景中的分类颜色恒常性研究提供了一个参考，另一方面显示了人类颜色视觉系统具有较强的维持物体表面颜色识别稳定性的能力，即使当光源的光谱不足以使得物体呈现出准确的颜色时颜色恒常性依旧存在。

本次实验主要关注的是具有正常颜色视觉系统的年轻人。老年人和色觉异常者在 RGB-LED 光源下的颜色恒常性还需进一步研究。老年人的颜色视觉与 S 锥体机制密切相关，色觉异常者的颜色视觉受到 L 或 M 锥体缺失或变异的严重影响，研究这两类人在 RGB-LED 光源下的颜色恒常性具有非常重要的理论和实用价值。

参考文献

程雯婷，孙耀杰，童立青，等，2011. 白光 LED 颜色质量评价方法研究. 照明工程学报，22(3): 37-42.

古志良，许毅钦，陈志涛，2016. 三基色白光 LED 光谱优化及颜色评价体系分析. 照明工程学报，27(1): 18-22.

黄敏，何瑞丽，郭春丽，等，2018. 不同年龄观察者颜色匹配函数的测试及优化. 光学学报，38(3): 0333001.

赖传杜，2017. 白光 LED 光源显色性评价研究与应用. 厦门：华侨大学.

廖宁放，石俊生，吴文敏，2009. 数字图文图像颜色管理系统概论. 北京：北京理工大学出版社.

魏敏晨，2019. LED 照明产品颜色品质研究. 灯与照明，43(1): 41-48.

章夫正，2018. 基于多通道LED光源的光谱优化设计及颜色质量评价方法研究. 杭州：浙江大学.

AREND L E, REEVES A, SCHIRILLO J, et al, 1991. Simultaneous color constancy: papers with diverse Munsell values. Journal of the Optical Society of America A, 8(4): 661-672.

BERLIN B, KAY P, 1969. Basic color terms: their universality and evolution. Berkeley: University of California Press.

BODROGI P, BRÜCKNER S, KHANH T Q, et al, 2013. Visual assessment of light source color quality. Color Research and Application, 38(1): 4-13.

BUCHSBAUM G, 1980. A spatial processor model for object colour perception. Journal of the Franklin Institute, 310(1): 1-26.

CIE. 13.3-1995, 1995. Method of Measuring and Specifying Color Rendering Properties of Light Sources, Vienna, CIE Central Bureau.

FOSTER D H, 2011. Review color constancy. Vision Research, 51(7): 674-700.

GOLZ J, 2008. The role of chromatic scene statistics in color constancy: Spatial integration. Journal of Vision, 8 (13): 6,1-16.

GOLZ J, MACLEOD D I A, 2002. Influence of scene statistics on colour constancy. Nature, 415(6872): 637-640.

GU H, POINTER M R, LIU X Y, et al, 2017. Quantifying the suitability of CIE D50 and a simulators based on LED light sources. Color Research and Application, 42(4): 408-418.

HANSEN T, WALTER S, GEGENFURTNER K R, 2007. Effects of spatial and temporal context on color categories and color constancy. Journal of Vision, 7(4): 2,1-15.

HASHIMOTO K, YANO T, SHIMIZU M, et al, 2007. New method for specifying color rendering properties of light sources based on feeling of contrast. Color Research and Application, 32(5): 361-371.

HSIEH T J, CHEN I P, 2011. Categorical formation of Mandarin color terms at different luminance levels. Color Research and Application, 36(6): 449-461.

JUDD D B, MACADAM D L, WYSZECKI G, et al, 1964. Spectral distribution of typical daylight as a function of correlated color temperature. Journal of the Optical Society of America, 54(8): 1031-1040.

LAND E H, MCCANN J J, 1971. Lightness and retinex theory. Journal of the Optical Society of America A, 61(1): 1-11.

LI C, LUO M R, LI C, et al, 2012. The CRI-CAM02UCS color rendering index. Color Research and Application, 37(3): 160-167.

MA R, LIAO N, YAN P, et al, 2018. Categorical color constancy under RGB-LED light sources. Color Research and Application, 43(5): 655-674.

MAHLER E, EZRATI J J, VIÉNOT F, 2009. Testing LED lighting for colour discrimination and colour rendering. Color Research and Application, 34(1): 8-17.

MCCANN J J, MCKEE S P, TAYLOR T H, 1976. Quantitative studies in Retinex theory: a comparison between theoretical predictions and observer responses to 'Color Mondrian' experiments. Vision Research, 16(5): 445-458.

MURRAY I J, DAUGIRDIENE A, VAITKEVICIUS H, et al, 2006. Almost complete colour constancy achieved with full-field adaptation. Vision Research, 46(19): 3067-3078.

OKAJIMA K, ROBERTSON A R, FIELDER G H, 2002. A quantitative network model for color categorization. Color Research and Application, 27(4): 225-232.

OLKKONEN M, HANSEN T, GEGENFURTNER K R, 2009. Categorical color constancy for simulated surfaces. Journal of Vision, 9(12): 6,1-18.

OLKKONEN M, WITZEL C, HANSEN T, et al, 2010. Categorical color constancy for real surfaces. Journal of Vision, 10(9): 16,71-76.

ROYER M P, HOUSER K W, WILKERSON A M, 2012. Color discrimination capability under highly structured spectra. Color Research and Application, 37(6): 441-449.

SHINOMORI K, NAKANO Y, UCHIKAWA K, 1994. Influence of the illuminance and spectral composition of surround fields on spatially induced blackness. Journal of the Optical Society of America, A, 11(9): 2383-2388.

SMITH V C, POKORNY J, 1975. Spectral sensitivity of the foveal cone photopigments between 400 and 500 nm. Vision Research, 15(2): 161-171.

STOCKMAN A, SHARPE L T, 2000. Spectral sensitivities of the middle- and long-wavelength sensitive cones derived from measurements in observers of known genotype. Vision Research, 40(13): 1711-1737.

TROOST J M, DE WEERT C M M, 1991. Naming versus matching in color constancy. Perception & Psychophysics, 50(6): 591-602.

UCHIKAWA K, FUKUDA K, KITAZAWA Y, et al, 2012 Estimating illuminant color based on luminance balance of surfaces. Journal of the Optical Society of America A, 29(2): A133-A143.

VAN DER BURGT P, VAN KEMENADE J, 2010. About color rendition of light sources: the balance between simplicity and accuracy. Color Research and Application, 35(2): 85-93.

VEITCH J A , WHITEHEAD L A, Mossman M , et al, 2014. Chromaticity-matched but spectrally different light source effects on simple and complex color judgments.Color Research and Application, 39(3): 263-274.

VOS J J, 1978. Colorimetric and photometric properties of a 2° fundamental observer. Color Research and Application, 3(3): 125-128.

WEI M, YANG B, LIN Y, 2017. Optimization of a spectrally tunable LED daylight simulator. Color Research and Application, 42(4): 419-423.

WHITEHEAD L A, MOSSMAN M A, 2012. A Monte Carlo method for assessing color rendering quality with possible application to color rendering standards. Color Research and Application, 37(1): 13-22.

WORTHEY J A, 2003. Color rendering: asking the question. Color Research and Application, 28(6): 403-412.

WYSZECKI G, STILES W S, 1982. Color Science: Concepts and Methods, Quantitative Data and Formulae. Hoboken: John Wiley and Sons.

第6章　观察背景和光源照射时间对颜色恒常性的影响

6.1　引　　言

彩色适应(Fairchild et al.，1995)是导致颜色恒常性的一种机制。彩色适应机制通过调整锥体的感光敏感度来适应光源的变化。通常认为彩色适应主要发生在初级光感受体阶段，是一个比较慢的过程(Fairchild et al.，1995；Rinner et al.，2000)。彩色光源的长时间照射会引起足够强的适应，从而导致一定程度的颜色恒常性(Murray et al.，2006)。关于颜色恒常性中的彩色适应，一开始主要放在单一灰色观察背景下来研究，在这种情况下，对光源的彩色适应被认为是导致颜色恒常性最明显和最重要的因素(Jameson et al.，1989；Webster et al.，1995)。

后来，开始在多颜色观察背景下对颜色恒常性进行研究。在多颜色观察背景下，主要研究的是适应机制如 von Kries 适应(von Kries，1970)和背景中彩色信息的分布对颜色恒常性的影响。von Kries 模型是彩色适应机制的一种严格的形式，在这种模型中，当光源发生改变时，三种类型锥体的感光敏感度独立地、线性地发生变化，这种变化主要与光源有关，而与被照射场景中物体的颜色无关。在以往采用非对称颜色匹配方法的颜色恒常性研究(Brainard et al., 1992；Bäuml，1999)中，von Kries 模型被发现可以很好地描述观察者得到的观察数据，这说明在多颜色观察背景下，von Kries 模型适应对颜色恒常性起着重要的作用。

在接近自然模式的观察条件下，Kraft 和 Brainard(1999)测试了适应机制中的三种假设在颜色恒常性中的作用，最后表明适应机制不是导致颜色恒常性的唯一因素。事实上，已经发现，观察背景中的彩色信息分布(Lucassen et al.，2013)、亮度平衡(Uchikawa et al.，2012；Morimoto et al.，2016)、颜色和亮度的相关性(Golz et al.，2002)以及各物体间不同颜色的相关性都会对颜色恒常性产生影响，表明人类视觉系统在实现颜色恒常性的过程中也利用了观察背景中物体颜色的信息来评估光源。与彩色适应机制相反，这种对场景中的线索信息的计算应该是一个很快的过程。Foster、Nascimento 和 Amano 等(2001)发现当光源很快地发生变化时，观察者可以探测到场景中一个物体或多个物体表面的反射率变化，因此，他们认为人类视觉系统中应该存在一些机制以应对外界光源快速变化的情况。

颜色恒常性中的彩色适应机制和对观察背景中彩色信息的计算均与时间有关，前者被认为以一个较慢的过程发生，后者被认为以一个较快的过程发生。有研究者研究了光源照射时间和观察背景两个因素对颜色恒常性的影响。Kuriki 和 Uchikawa(1996)通过非对称颜色匹配的方法研究了短暂适应-灰色背景、短暂适应-Mondrian 多颜色背景和完全适应-Mondrian 多颜色背景三种条件下的颜色恒常性。研究结果表明，在短暂适应条件下，观察背景为 Mondrian 多颜色背景时对应的颜色恒常性比单一灰色背景时好；在完全适应-Mondrian 多颜色背景条件下，颜色恒常性几乎达到了最好。Valberg 和 Lange-Malecki(1990)通过非对称颜色匹配方法研究了观察者观察时间不受限制时在单一灰色背景和 Mondrian 多颜色背景下的颜色恒常性。研究结果表明，在单一灰色背景和 Mondrian 多颜色背景下所获得的颜色恒常性的程度几乎一样。以上两项研究均是在显示器模拟的二维平面上进行的。与二维模拟场景相比，三维真实场景中包含了更多有利于颜色恒常性中的光源估计的线索(Hedrich et al.，2009)，如阴影、空气中光的反射、物体表面产生的反光(Delahunt et al.，2004)、周围照明(Hansen et al.，2007)、物体的视觉特征(Olkkonen et al.，2008)和物体所处场景的空间结构(Mizokami et al.，2014)。因此，以上两项研究的结果不能简单地推广到真实三维场景下。本章实验主要研究在三维真实场景下光源照射时间和观察背景对 RGB-LED 光源下的颜色恒常性的影响。

6.2　观察条件设置

实验装置、光源和色卡以及观察者均与第 5 章相同。每个色卡的颜色命名过程与第 5 章所述相同。

实验总共包括五种光源，分别为参考白光、红色、绿色、蓝色和黄色光源。每种彩色光源下 240 个色卡的颜色命名在四种观察条件下进行，四种观察条件如表 6-1 所示。需要注意的是，条件 4 对应的就是第 5 章的实验，在本章中条件 4 的实验数据将与其他三种条件下的实验数据一起被分析和讨论。

表 6-1　四种观察条件对应的实验设置及其缩写

观察条件	实验设置	文中缩写
短暂适应 & 灰色背景	交替光源 & 灰色背景	条件 1
短暂适应 & 多颜色背景	交替光源 & 多颜色背景	条件 2
完全适应 & 灰色背景	恒定光源 & 灰色背景	条件 3
完全适应 & 多颜色背景	恒定光源 & 多颜色背景	条件 4

图 6-1 所示为以下两种观察条件的具体实验流程：短暂适应和多颜色背景条件(条件 2，如图(a)所示)，以及完全适应和灰色背景条件(条件 3，如图(b)所示)。在图 6-1(a)中，背景中包含水果模型和 Macbeth ColorChecker 24 标准色卡，彩色光源只短暂显示，且红绿色光源交替出现。实验一开始，观察者首先适应白色光源 5 分钟，然后在红色光源下对某一色卡进行颜色命名，其中红色光源只显示 5 秒。色卡命名完成后，移除色卡，然后白色光源出现直到下一个在绿色光源下的试验开始。参考白光、红色光源和绿色光源的开关由 RGB-LED 光源的远程遥控面板控制。这个过程一直重复，直到 240 个色卡的颜色命名完成。通过以上过程，240 个色卡在红色和绿色光源下的颜色命名各完成了一半，另外一半通过完全相同的过程完成，只是红色和绿色光源的出现顺序颠倒。通过以上成对的实验，观察条件 2 下 240 个色卡在红色和绿色光源下的颜色命名分别被完成。

在图 6-1(b)中，背景中没有物体，红色光源的显示一直持续到所有色卡的颜色命名完成。实验开始前，观察者首先适应参考白光照射下的场景 5 分钟，接着适应红色光源 5 分钟，然后继续在红色光源下完成 240 个色卡的颜色命名。在完全适应条件下一次实验过程可完成一种彩色光源下 240 个色卡的颜色命名，即红色和绿色光源下所有色卡的颜色命名数据通过两次实验过程分别采集。

其他两种条件(条件 1 和 4)下的实验流程与图 6-1 所示一样，只是背景由多颜色变为灰色或者由灰色变为多颜色。蓝色和黄色光源下四种观察条件对应的实验流程与红色和绿色光源下的一致。

实验流程

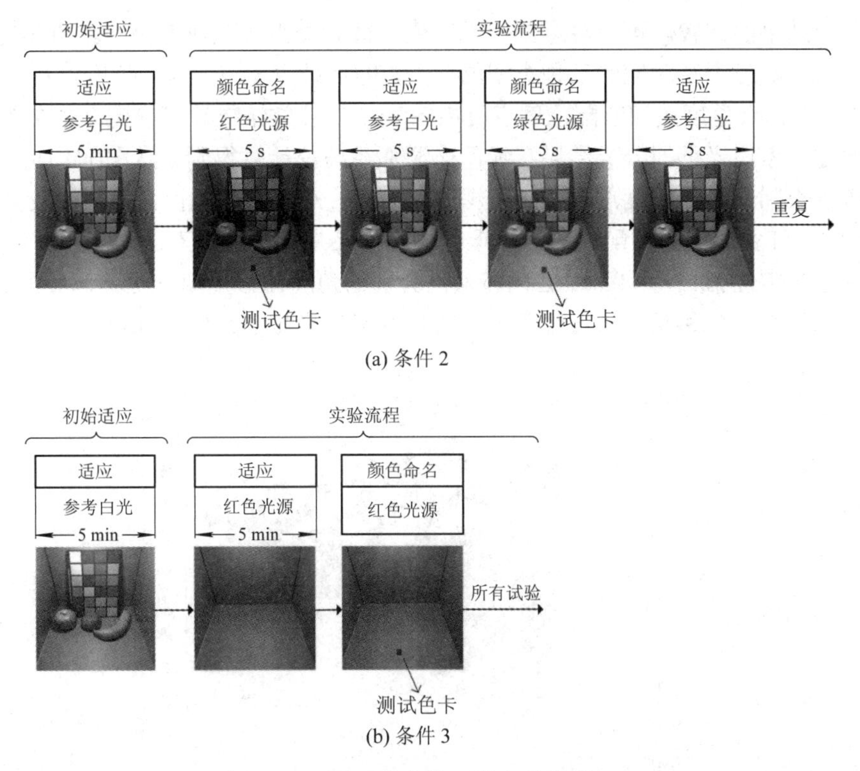

(a) 条件 2

(b) 条件 3

图 6-1　两种观察条件下的实验流程

每种条件下红色和绿色光源(或者蓝色和黄色光源)下的数据通过连续的两次实验采集。所有色卡在参考白光下的颜色命名分别在主要实验前作为训练过程进行，在主要实验后作为度量彩色光源下的颜色恒常性在条件 4 下进行。

在每次实验中，240 个色卡的出现顺序是随机的。每次实验大约需要花费 1 小时。红色和绿色光源对应的实验需要花费 7(观察者) × 2(红色和绿色光源) × 4(条件) = 56 小时，蓝色和黄色光源对应的实验需要花费 5(观察者) × 2(蓝色和黄色光源) × 4(条件) = 40 小时。

6.3　颜色恒常性指数的计算

本节继续采用改进的 Arend 等(1991)提出的颜色恒常性指数 CI 和角度偏移量 θ 来度量各颜色类别的颜色恒常性。关于这两个指标的计算方式，见 5.2.5 节。

图 6-2(a)所示为观察者 #6 在条件 4 绿色光源下的分类结果与参考白光下的

分类结果的比较。可以注意到，没有色卡被分类为黄色或者橙色。图 6-2(b)所示为各颜色类别对应的三种类型的质点，即标准色度点、理论色度点和匹配色度点。标准色度点和匹配色度点可由图(a)中的分类结果计算得到，理论色度点通过参考白光下的分类结果在绿色光源下经理论计算得到。从图(b)中可看出，蓝色类别的匹配色度点非常接近理论色度点，对应的颜色恒常性指数较高，为 0.90；红色类别的匹配色度点离理论色度点不是非常近，对应一个相对较低的颜色恒常性指数，为 0.65；红色和绿色类别的角度偏移量似乎比其他类别的大，分别为 6.73° 和 9.51° ；蓝色类别的角度偏移量最小，仅为 0.16° 。

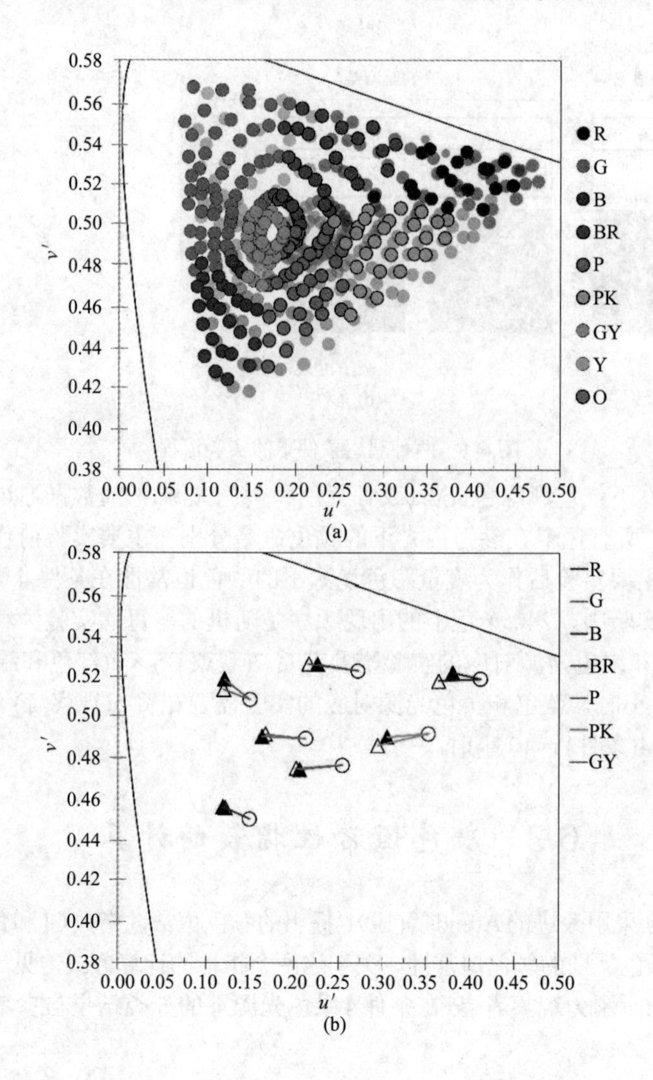

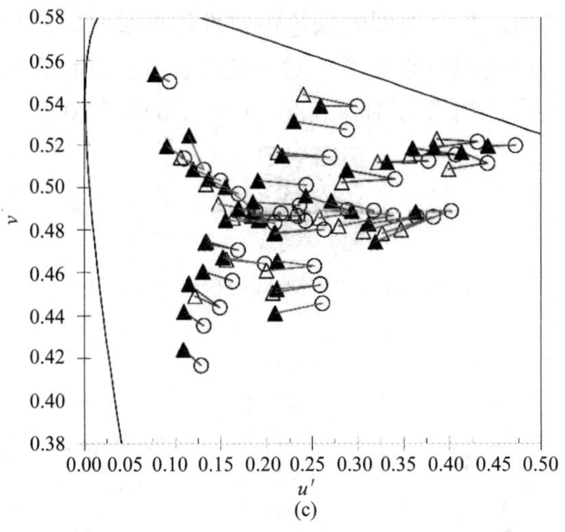

(c)

图 6-2　关于标准色度点、理论色度点和匹配色度点的图示说明

指数计算中的三类色度点

为了检验饱和度水平对颜色恒常性的影响，需计算各颜色类别上所有饱和度水平对应的颜色恒常性指数。对于给定颜色类别，各饱和度水平对应的标准色度值、理论色度值和匹配色度值为这个颜色类别中所有具有对应 Munsell 彩度值的色卡的 $u'v'$ 色度坐标的平均值。图 6-2(c)所示为所有颜色类别上各饱和度水平对应的三种类型的质点，图中数据是基于图(a)中的分类结果计算得到的。

6.4　四种观察条件下的颜色命名结果分析

本节首先分析四种彩色光源下各颜色类别的颜色恒常性，然后比较四种观察条件下的颜色恒常性，最后分析色卡的饱和度水平对颜色恒常性的影响。

6.4.1　各颜色类别的颜色恒常性

图 6-3 所示为观察者#6 在红、绿、蓝和黄色光源下的标准色度点、理论色度点和四种观察条件下的匹配色度点。图中没有黄色和橙色类别的数据，因为观察者 #6 没有使用这两个词汇进行颜色命名。在每种彩色光源下，对于每个颜色类别，四种观察条件下的匹配色度点都基本靠近理论色度点，表明具有一

定的颜色恒常性。其中，灰色类别的颜色恒常性程度最高，四种观察条件下的匹配色度点均几乎与理论色度点重合，对应的红、绿、蓝和黄色光源下在四种条件上的平均颜色恒常性指数分别为 0.86、0.92、0.92 和 0.91。

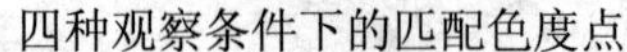

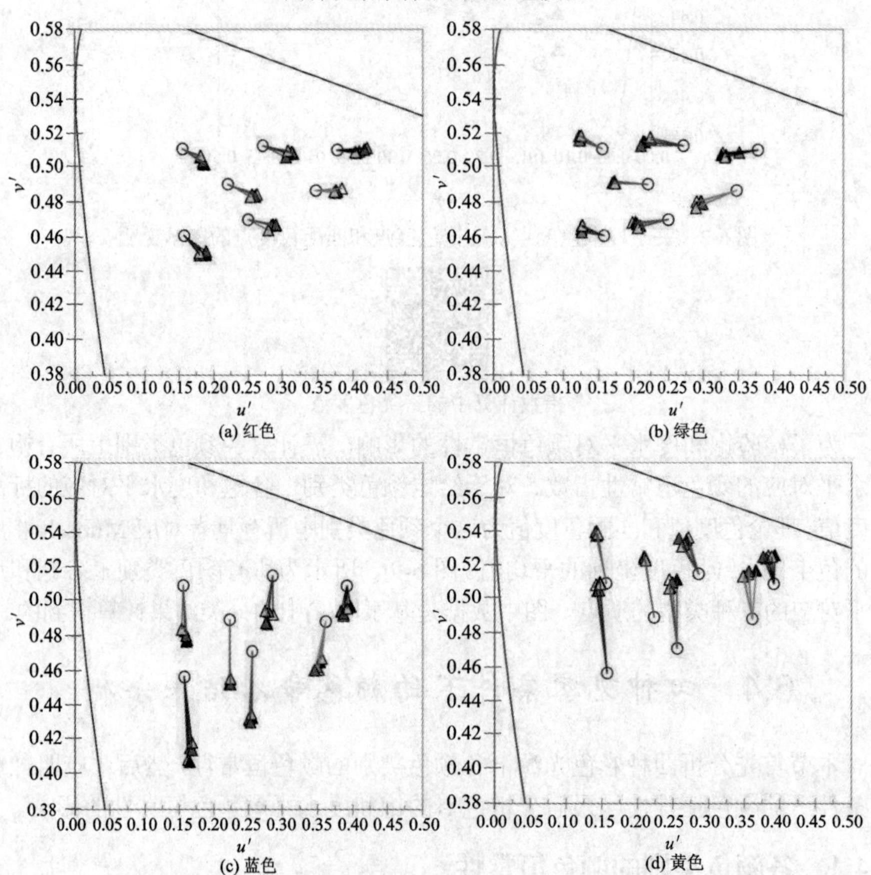

图 6-3　观察者 #6 在红、绿、蓝和黄色光源下的标准色度点、理论色度点和四种观察条件下的匹配色度点

说明：实心三角形按其填充灰色从浅到深依次对应条件 1(浅灰色)、条件 2(灰色)、条件 3(深灰色)和条件 4(黑色)的匹配色度点。为了使得数据看起来清晰，纵坐标的尺度与横坐标不同，进行了拉伸。

图 6-4(a)所示为红、绿、蓝和黄色光源下所有颜色类别上的颜色恒常性指数。数据在四种观察条件和所有观察者上进行平均，其中，黄色和橙色类别的数据分别在两个和四个使用它们的观察者上进行平均。在红色和绿色光源下，颜色恒常性指数基本在所有颜色类别上均接近或大于 0.6，只有绿色光源下的橙色类别其对应的指数为 0.48。在红色光源下，指数范围为橙色类别的 0.59 到灰色类别的 0.87。在绿色光源下，指数范围为橙色类别的 0.48 到灰色类别的 0.92。通过在红色和绿色光源上进行平均，颜色类别按颜色恒常性指数从大到小的顺序为灰、蓝、棕、绿、紫、粉、红、黄和橙。

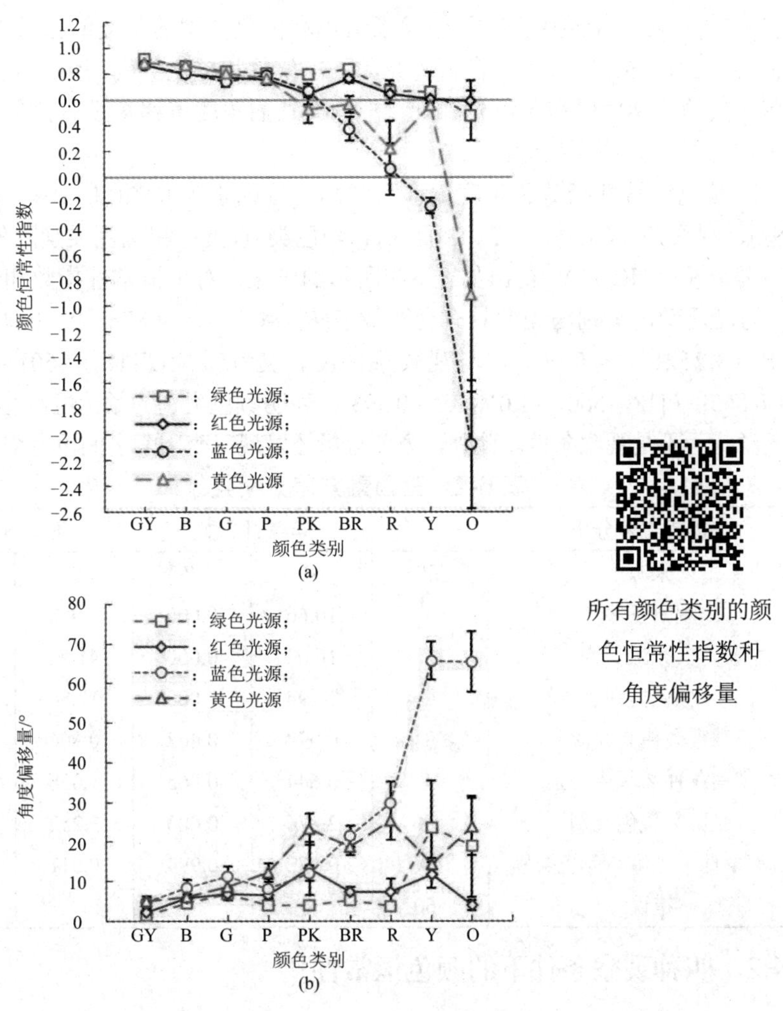

图 6-4　红、绿、蓝和黄色光源下所有颜色类别的颜色恒常性指数和角度偏移量

在蓝色光源下，灰、蓝、绿、紫和粉色类别上的颜色恒常性指数与红色和绿色光源下差不多；棕色类别的指数大大减小，只有 0.38；红色类别的指数也大大减小，接近于 0，说明没有颜色恒常性；黄色和橙色类别的指数为负值，在这种情况下讨论颜色恒常性已失去意义。在黄色光源下，灰、蓝、绿、紫和黄色类别的指数表现与红色和绿色光源下接近；粉色和棕色类别的指数比 0.6 稍低，分别为 0.52 和 0.57；红色类别的指数比较低，仅为 0.22；橙色类别的指数为负值。

图 6-4(b)所示为四种彩色光源下所有颜色类别的角度偏移量。总体来说，数据显示出与恒常性指数一样的趋势。在红色光源下，所有颜色类别的角度偏移量大约为 10°；在绿色光源下，除了黄色和橙色类别的角度偏移量为 20° 外，其他类别的值均小于 10°；在蓝色光源下，黄色和橙色类别的角度偏移量要大得多，大约为 70°；在黄色光源下，橙色类别的角度偏移量没有蓝色光源下那么大，与绿色光源下接近。

对颜色恒常性指数和角度偏移量分别进行因素为光源(红、绿、蓝和黄色光源)、观察条件(条件 1、2、3 和 4)和颜色类别(黄色和橙色类别除外)的三因素方差分析(ANOVA)，得出如表 6-2 所示的结果。对于恒常性指数和角度偏移量，均发现颜色类别与光源具有交互效应($F[18，560] = 2.876$，$P < 0.001$；$F[18，560] = 3.252$，$P < 0.001$)，与观察条件没有交互效应($F[18，560] = 0.644$，$P = 0.865$；$F[18，560] = 1.058$，$P = 0.393$)，表明颜色类别的颜色恒常性程度取决于光源，而不是观察条件。此外，方差分析还发现三个因素之间没有交互效应。

表 6-2　三因素方差分析结果

三因素方差分析		恒常性指数		角度偏移量	
来源	df	*F*	*P*	*F*	*P*
观察条件	3	10.66	0.000	7.973	0.000
光源	3	16.04	0.000	41.22	0.000
颜色类别	6	34.94	0.000	17.86	0.000
观察条件 × 光源	9	0.972	0.462	0.906	0.519
观察条件 × 颜色类别	18	0.644	0.865	1.058	0.393
光源 × 颜色类别	18	2.876	0.000	3.252	0.000
观察条件 × 光源 × 颜色类别	54	0.572	0.994	0.511	0.999
错误	560				

6.4.2　四种观察条件下的颜色恒常性

图 6-5 所示为红、绿、蓝和黄色光源下四种观察条件对应的颜色恒常性指

数(见图(a))、角度偏移量(见图(b))和颜色命名一致性指数(见图(c))。数据为所有颜色类别和所有观察者上的平均值。基于以下两种原因，分析时不包括黄色和橙色类别。一方面，只有部分观察者使用这两个颜色类别；另一方面，蓝色光源下黄色和橙色类别的指数和黄色光源下橙色类别的指数在四种条件下都是绝对值较大的负数，这些负的指数值在度量颜色恒常性的程度时是没有意义的，但是会极大地影响四种观察条件下颜色恒常性的指数分布趋势。

在图 6-5(a)中，红色光源下，随着观察条件从 1 到 4，颜色恒常性指数从 0.68 增加到 0.81。在绿色光源下，观察条件 2 的指数最低，为 0.78，其余三种条件对应的颜色恒常性指数的分布趋势与红色光源下一致，为条件 4 > 条件 3 > 条件 1。在蓝色光源下，条件 2 和 4 的指数比条件 1 和 3 的高一些。在黄色光源下，条件 1 的指数最低。总体来说，在四种彩色光源上平均后，条件 4 的指数最高，条件 1 的最低，条件 2 和 3 的位于中间。在四种观察条件上平均后，指数在四种彩色光源上的趋势为：绿色 > 红色 > 黄色 > 蓝色。

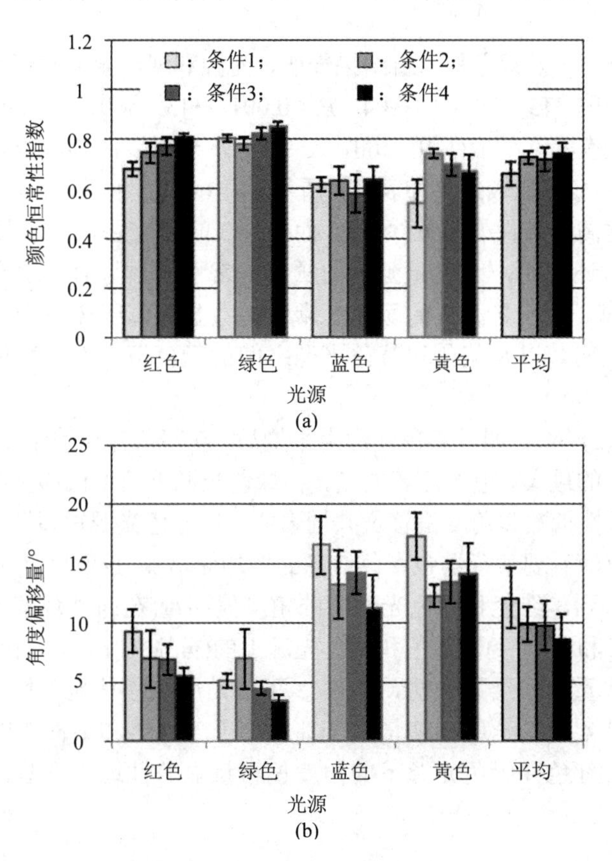

(a)

(b)

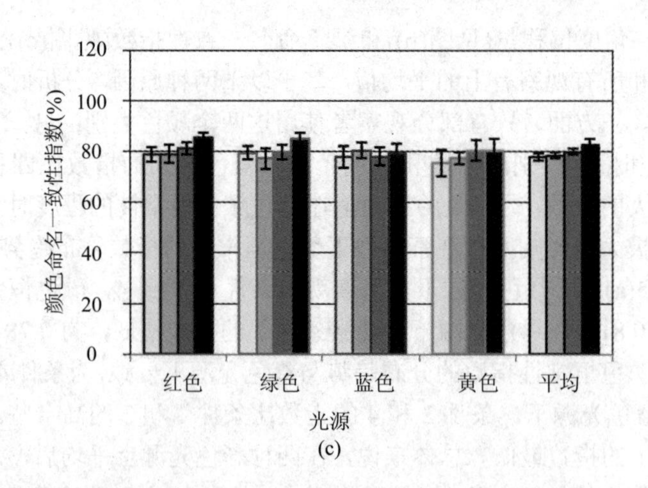

图 6-5　红、绿、蓝和黄色光源下四种观察条件对应的颜色恒常性指数、角度偏移量和颜色命名一致性指数

表 6-2 中的三因素方差分析结果表明，光源和观察条件对恒常性指数均具有显著性的影响($F[3，560] = 16.04$，$P < 0.001$；$F[3，560] = 10.66$，$P < 0.001$)，而它们之间没有交互效应($F[9，560] = 0.972$，$P = 0.462$)。Bonferroni 校正(显著水平为 0.05)的多重比较结果如表 6-3 所示。表 6-3 表明，条件 4 的颜色恒常性指数显著性地高于条件 1 和条件 2 的，而条件 3 的指数显著性地高于条件 1 的。多重比较同时还表明，绿色光源下的颜色恒常性指数显著性地高于红、蓝和黄色光源下的；红色光源下的颜色恒常性指数显著高于蓝色光源下的；红色和黄色光源之间，以及蓝色和黄色光源之间的颜色恒常性指数值没有达到统计学差异。

在图 6-5(b)中，在四种彩色光源上平均后，观察条件 4 的角度偏移量最小，而观察条件 1 的最大。值得注意的是，在绿色光源下角度偏移量在条件 2 时最大。颜色恒常性指数和角度偏移量共同表明，当绿色光源短暂照明时，颜色恒常性程度没有随着观察背景中彩色信息的增加而增加，反倒降低了。从图 6-5(b)中还可以注意到，红色和绿色光源下的角度偏移量(在四种观察条件上平均后分别为 7.16° 和 4.95°)比蓝色和黄色光源下的(分别为 13.78° 和 14.26°)小。表 6-3 中的多重比较结果表明，条件 2 下的角度偏移量显著性地小于条件 1 下的，而条件 4 下的角度偏移量显著性地小于条件 1 和条件 3 的。多重比较结果还表明，红色和绿色光源下的角度偏移量显著性地小于蓝色和黄色光源下的。

表 6-3　Bonferroni 校正(显著水平为 0.05)的多重比较结果

比较	指数差	显著性	角度偏移量差	显著性
条件 1-条件 2	0.065	0.483	2.210°	0.008**
条件 1-条件 3	0.058	0.005**	2.328°	0.312
条件 1-条件 4	0.081	0.000***	3.485°	0.000***
条件 2-条件 3	0.007	0.629	0.118°	1.000
条件 2-条件 4	0.016	0.001**	1.275°	0.905
条件 3-条件 4	0.023	0.138	1.157°	0.041*
绿色-红色	0.064	0.003**	2.209°	0.111
绿色-蓝色	0.198	0.000***	8.831°	0.000***
绿色-黄色	0.152	0.000***	9.311°	0.000***
红色-蓝色	0.134	0.005**	6.623°	0.000***
红色-黄色	0.089	0.685	7.102°	0.000***
蓝色-黄色	0.046	0.629	0.479°	0.809

注：星号表示显著性程度。

图 6-6 与图 6-5(a)和(b)类似，只是对数据进行分析时包括了黄色和橙色类别。因为红色和绿色光源下黄色和橙色类别的恒常性指数相对较高，颜色恒常性在四种观察条件上的趋势不会受到黄色和橙色两个类别的较大影响，所以结果与图 6-5(a)中红色和绿色光源下的类似。蓝色和黄色光源下四种观察条件上的颜色恒常性分布趋势受到了两个类别的负的指数值的影响，结果与图 6-5(a)中蓝色和黄色光源下的明显不同。角度偏移量也是同样的情况。

为了进一步观察四种条件下的颜色恒常性分布趋势，图 6-5(c)显示了四种彩色光源下的颜色命名一致性指数。颜色命名一致性指数(Olkkonen、Witzel、Hansen 和 Gegenfurtner，2010)被定义为在参考白光和某种彩色光源下命名为相同颜色的色卡数占总的色卡数的百分比。在各彩色光源下，颜色命名一致性指数在四种观察条件上均显示出与颜色恒常性指数相同的分布趋势。在四种彩色光源上平均后，颜色命名一致性指数随着观察条件从 1 到 4 逐渐提高。

在对颜色命名一致性指数进行的两因素(光源和观察条件)方差分析中，只有观察条件被发现对颜色命名一致性指数具有显著性的影响($F[3, 80] = 4.635$，$P = 0.005$)。通过 Bonferroni 校正的多重比较结果得知，条件 4 的颜色命名一致性指数显著性地高于条件 1 和条件 2 的。

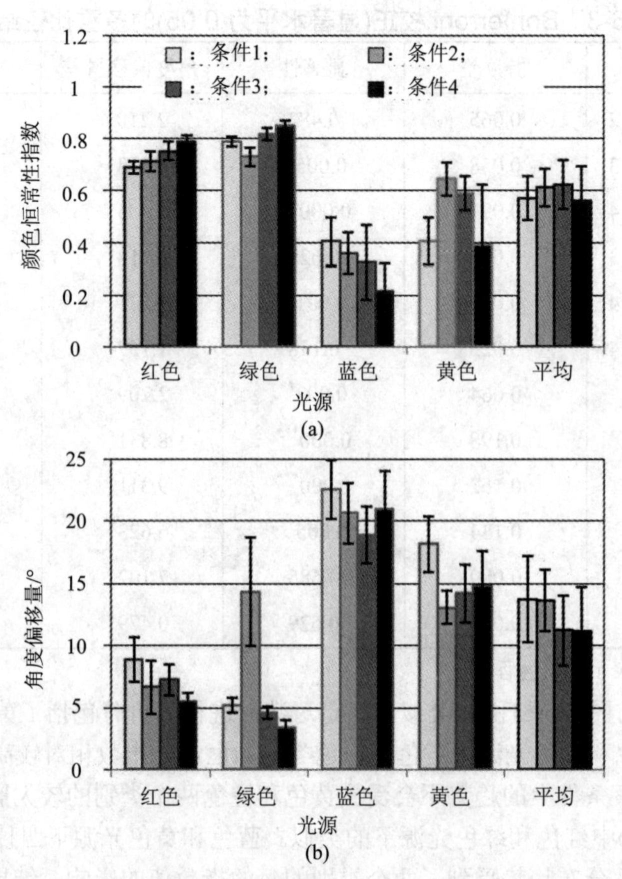

图 6-6　红、绿、蓝和黄色光源下包含黄色和橙色类别时四种观察条件对应的颜色恒常性指数和角度偏移量

6.4.3　不同饱和度水平上的颜色恒常性

图 6-7 所示为在四种彩色光源下各颜色类别对应的所有饱和度水平上的颜色恒常性指数。数据为四种观察条件和所有观察者上的平均值。对于灰、蓝、绿和紫色类别，所有饱和度水平上的指数值在四种彩色光源下均较高。对于粉、棕、红、黄和橙色类别，所有饱和度水平上的指数值在红色和绿色光源下较高，在蓝色和黄色光源下却不是如此。对于粉色类别，蓝色光源下饱和度为/10 时的指数和黄色光源下饱和度为/8、/10 和/12 时的指数均低于 0.6。对于棕色类别，蓝色光源下饱和度为/6 时的指数和黄色光源下饱和度为/8 时的指数均低于 0.6，蓝色光源下饱和度为/8 和/10 时的指数值为负值。对于红色类别，蓝色光

源下饱和度为/8、/10、/12 和/14 的指数和黄色光源下饱和度为/10 和/12 的指数均低于 0.6，在这两种光源下饱和度为/12 时的指数接近于 0。对于黄色类别，蓝色光源下饱和度为/6、/8 和/10 时的指数是负值，但在黄色光源下这些值均较高。对于橙色类别，在蓝色光源下大部分饱和度水平上的指数均为负值，在黄色光源下饱和度为/10 和/14 时的指数为负值。三因素(光源、饱和度水平和颜色类别)方差分析(ANOVA)结果表明，光源、饱和度水平和颜色类别之间具有显著的交互作用($P = 0.005$)。

不同饱和度水平上的指数

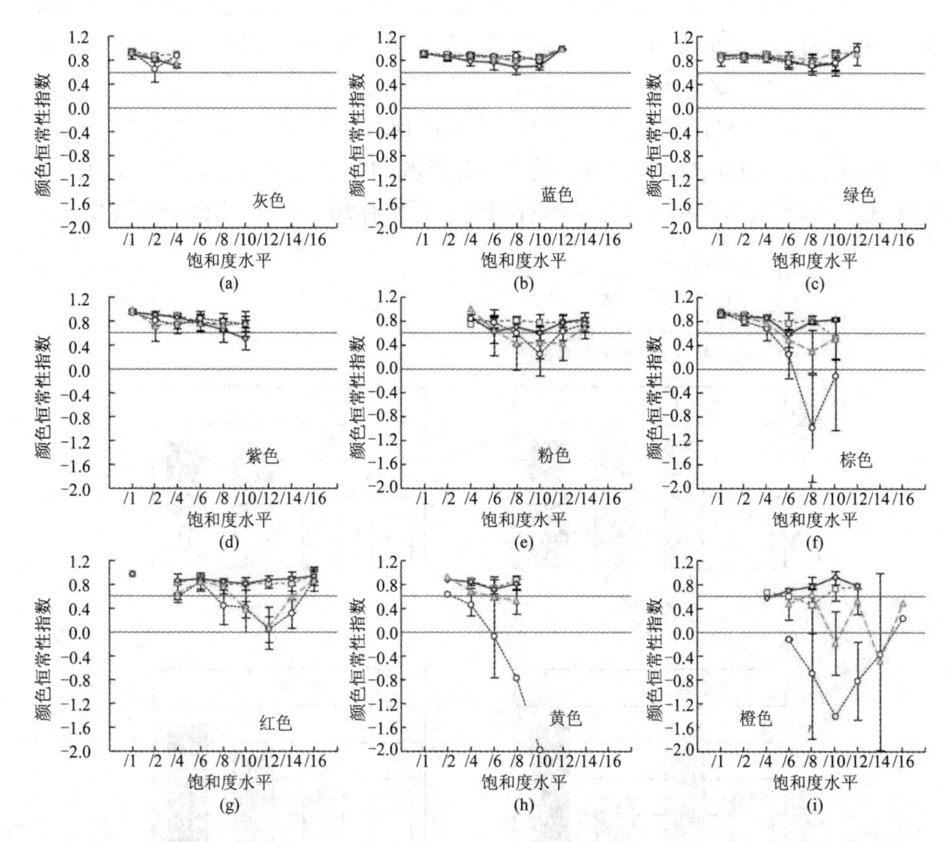

图 6-7　红、绿、蓝和黄色光源下各颜色类别所有饱和度水平上的颜色恒常性指数

说明：图 6-7 中，每个子图对应一个颜色类别。在各子图中，表示四种光源下的数据的符号与图 6-4(a)相同。误差线表示标准差(SD)，没有误差线的符号表示只有一个观察者的数据。

6.5 观察条件对颜色恒常性的影响

本节将主要讨论观察条件对颜色恒常性的影响，并与以往类似条件下的颜色恒常性表现进行比较，然后针对本次实验得到的分类颜色恒常性的程度，与以往宽带宽光源下的颜色恒常性的表现进行比较。

6.5.1 四种观察条件下颜色恒常性的比较

图 6-8 列出了四种可能出现的不同观察条件之间的颜色恒常性的比较情况。对于图(a)中的假设 1，观察条件 2、3 和 4 的颜色恒常性指数相同，均高于条件 1 的指数。这意味着对光源的完全适应和在观察背景中增加彩色信息均可以将条件 1 下获得的颜色恒常性程度提高到最大，即得到最佳观察条件(条件 4)下的颜色恒常性程度。在这种情况下，对光源的完全适应和对背景中彩色物体的快速参考预计在颜色恒常性中起着同样重要的作用。对于图(b)中的假设 2，

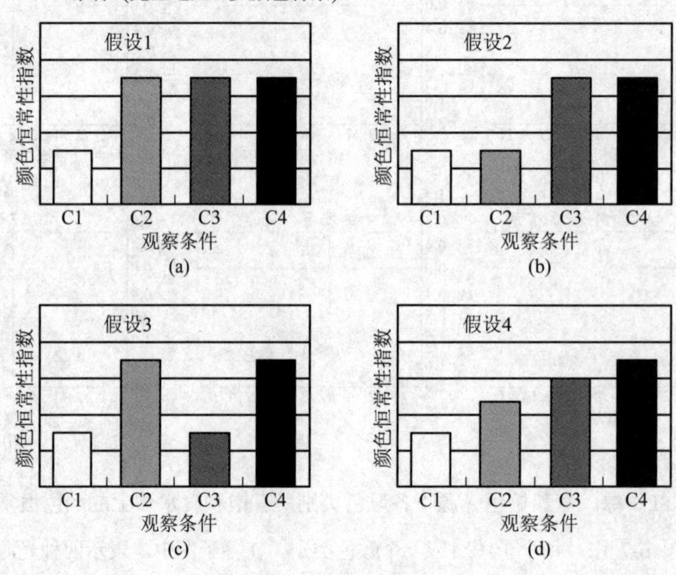

图 6-8 四种可能出现的不同观察条件之间的颜色恒常性的比较情况

观察条件 3 和 4 的颜色恒常性指数彼此相同，高于条件 1 和 2 的指数。这意味着对光源的完全适应导致了颜色恒常性，而不是在观察背景中增加彩色信息，说明对光源的完全适应在颜色恒常性中起了主要作用。相反，图(c)中的假设 3 表明，对观察背景中彩色物体的快速参考在颜色恒常性中起了主要作用。对于图(d)中的假设 4，颜色恒常性指数从条件 1 到条件 4 逐渐增加。图(d)中，条件 3 的恒常性指数比条件 2 的高，表明对光源的完全适应比对背景中彩色物体的快速参考在颜色恒常性中起的作用更大；条件 4 的指数比条件 2 和 3 的指数高，说明两种机制还不能导致全部的颜色恒常性；条件 4 下多出来的颜色恒常性可能是由以下过程获得的，即观察者花费了较多时间推测背景中物体颜色之间的关系，从而对物体颜色做出一个判断。

本次实验获得的四种观察条件下的颜色恒常性分布与假设 4 基本一致。Kuriki 和 Uchikawa(1996)的研究显示，对光源进行短暂适应时，Mondrian 彩色背景下的颜色恒常性比单一灰色背景下的好，当对光源进行完全适应时，Mondrian 彩色背景下的颜色恒常性几乎全部达到。本次实验中的条件 1 与 Kuriki 等研究中的短暂适应-灰色背景的实验条件相似，条件 2 和 4 分别与短暂适应-Mondrian 背景和完全适应-Mondrian 背景条件相似。本次实验结果表明，观察条件 4 的颜色恒常性比观察条件 2 的好，观察条件 2 的颜色恒常性比观察条件 1 的好，这个结果与 Kuriki 等的研究结果一致。Murray 等(2006)发现，在大的(120° 视角)单一灰色背景下，适应时间为 60 s 时的颜色恒常性比适应时间为 5 s 时的颜色恒常性要好。本次实验中的观察条件 3 和 1 分别与适应时间为 60 s 和 5 s 的条件相似。本次实验结果表明，观察条件 3 下的颜色恒常性比观察条件 1 下的颜色恒常性好，这与 Murray 等(2006)的结果一致。Valberg 和 Lange-Malecki(1990)的研究表明，当观察时间不受限制时，Mondrian 观察背景下所获得的颜色恒常性的程度与单一灰色背景下的相同。本次实验中的条件 4 和 3 分别与他们的观察时间不受限制时 Mondrian 彩色背景和单一灰色背景的条件相似。由于本次实验是在真实三维场景下进行的，因此观察者可以从背景中获得更多与颜色恒常性相关的线索，这可能就解释了为什么在本次实验中观察条件 4 下的颜色恒常性比观察条件 3 下的颜色恒常性好。

6.5.2　与以往研究结果的比较

在 Olkkonen 等(2009)的研究中，彩色光源是通过按照不同比例混合三个荧光灯的输出而得到的，刺激物是在显示器上模拟实现的。他们的研究发现，灰色类别的颜色恒常性指数比其他彩色类别的要高，这与本次实验中的发现是一致的。他们的结果同时显示，绿、蓝和紫色类别的命名一致性尤其高，而偏红色调颜色类别的命名一致性相对较低，这也与本次实验的结果一致。本次实验发现，在四种彩色光源下，绿、蓝和紫色类别的恒常性指数比红色类别的指数要高。Olkkonen、Witzel、Hansen 和 Gegenfurtner(2010)也在真实场景下研究了分类颜色恒常性。彩色光源通过将滤光片覆盖到窗户上获得，刺激物是真实的 Munsell 色卡。他们发现，在线索丰富的观察条件下，灰色类别在红、绿、蓝和黄色光源下的颜色恒常性指数为 0.92～1.2。他们的线索丰富的观察条件与本次实验中的观察条件 3 相似。需要注意的是，本次实验中采用的颜色恒常性指数计算方法与 Olkkonen 等(2010)采用的有所不同。本次实验中颜色恒常性指数采用改进的 Arend、Reeves、Schirillo 和 Goldstein(1991)提出的方法，颜色恒常性程度用 0 到 1 范围内的某个值来表示。在 Olkkonen 等(2010)采用的方法中，表示部分颜色恒常性的指数可能是小于 1 或大于 1 的值。考虑到这个不同，本次实验中观察条件 3 对应的四种彩色光源下灰色类别的颜色恒常性指数范围为 0.87～0.93，这个结果与 Olkkonen 等(2010)的结果接近。

但是，本次实验结果和 Olkkonen 等的两项研究结果(Olkkonen et al.，2009；Olkkonen et al.，2010)还存在两个明显的差异。本次实验中，蓝色光源下棕、红、黄和橙色类别以及黄色光源下红和橙色类别的恒常性指数远低于 0.6，甚至为负值，而在 Olkkonen 等的结果中，这些颜色类别的恒常性指数与其他颜色类别的一样好。另外，Olkkonen 等的两项研究表明，颜色命名一致性随着色卡饱和度的增加而提高，而本次实验结果表明不同饱和度水平上的颜色恒常性指数受颜色类别和光源颜色的影响。

参考文献

AREND L E, REEVES A, SCHIRILLO J, et al, 1991. Simultaneous color constancy: papers with diverse munsell values. J. Opt. Soc. Am. A, 8(4): 661-672.

BÄUML K H, 1999. Simultaneous color constancy: how surface color perception varies with the illuminant. Vis. Res., 39(8): 1531-1550.

BERLIN B, KAY P, 1969. Basic color terms: Their universality and evolution. Berkeley: University of California Press.

BRAINARD D H, WANDELL B A, 1992. Asymmetric color matching: how color appearance depends on the illuminant. J. Opt. Soc. Am. A, 9(9): 1433-1448.

DELAHUNT P B, BRAINARD D H, 2004. Color constancy under changes in reflected illumination. J. Vis., 4(9): 764-778.

FAIRCHILD M D, RENIFF L, 1995. Time course of chromatic adaptation for color-appearance judgments. J. Opt. Soc. Am. A, 12(5): 824-833.

FOSTER D H, NASCIMENTO S M C, AMANO K, et al, 2001. Parallel detection of violations of color constancy. Proc. Natl. Acad. Sci. USA, 98(14): 8151-8156.

GOLZ J, MACLEOD D I A, 2002. Influence of scene statistics on colour constancy. Nature, 415(6872): 637-640.

HANSEN T, WALTER S, GEGENFURTNER K R, 2007. Effects of spatial and temporal context on color categories and color constancy. J. Vis., 7(4): 2.

HEDRICH M, BLOJ M, RUPPERTSBERG A I, 2009. Color constancy improves for real 3D objects. J. Vis., 9(4): 16,1-16.

JAMESON D, HURVICH L M, 1999. Essay concerning color constancy. Annu. Rev. Psychol., 40(1): 1-22.

KRAFT J M, BRAINARD D H, 1999. Mechanisms of color constancy under nearly natural viewing. Proc. Natl. Acad. Sci. USA, 96(1): 307-312.

KURIKI I, UCHIKAWA K, 1996. Limitations of surface-color and apparent-color constancy. J. Opt. Soc. Am. A, 13(8): 1622-1636.

LUCASSEN M, GEVERS T, GIJSENIJ A, et al, 2013. Effects of chromatic image statistics on illumination induced color differences. J. Opt. Soc. Am. A, 30(9): 1871-1884.

MIZOKAMI Y, YAGUCHI H, 2014. Color constancy influenced by unnatural spatial structure. J. Opt. Soc. Am. A, 31(4): A179-A185.

MORIMOTO T, FUKUDA K, UCHIKAWA K, 2016. Effects of surrounding stimulus properties on color constancy based on luminance balance. J. Opt. Soc. Am. A, 33(3): A214-A227.

MURRAY I J, DAUGIRDIENE A, VAITKEVICIUS H, et al, 2006. Almost complete colour constancy achieved with full-field adaptation. Vis. Res., 46(19): 3067-3078.

OLKKONEN M, HANSEN T, GEGENFURTNER K R, 2008. Color appearance of familiar objects: effects of object shape, texture, and illumination changes. J. Vis., 8(5): 13,1-16.

OLKKONEN M, HANSEN T, GEGENFURTNER K R, 2009. Categorical color constancy for simulated surfaces. J. Vis., 9(12): 6.

OLKKONEN M, WITZEL C, HANSEN T, et al, 2010. Categorical color constancy for real surfaces. J. Vis., 10(9): 16.

RINNER O, GEGENFURTNER K R, 2000. Time course of chromatic adaptation for color appearance and discrimination. Vis. Res., 40(14): 1813-1826.

UCHIKAWA K, FUKUDA K, KITAZAWA Y, et al, 2012. Estimating illuminant color based on luminance balance of surfaces. J. Opt. Soc. Am. A, 29(2): A133-A143.

VALBERG A, LANGE-MALECKI B, 1990. 'Color constancy' in Mondrian patterns: a partial cancellation of physical chromaticity shifts by simultaneous contrast. Vis. Res., 30(3): 371-380.

VON KRIES J, 1970. Chromatic adaptation. Sources of Color Science. MACADAM D L, ed. Cambridge, MA: MIT Press: 145-148.

WEBSTER M A, MOLLON J D, 1995. Colour constancy influenced by contrast adaptation. Nature, 373(6516): 694-698.